유클리드가 들려주는
공간도형 이야기

NEW 수학자가 들려주는 수학 이야기 29

유클리드가 들려주는 공간도형 이야기

ⓒ 이지현, 2009

2판 1쇄 인쇄일 | 2025년 5월 23일
2판 1쇄 발행일 | 2025년 6월 9일

지은이 | 이지현
펴낸이 | 정은영
펴낸곳 | (주)자음과모음

출판등록 | 2001년 11월 28일 제2001-000259호
주소 | 10881 경기도 파주시 회동길 325-20
전화 | 편집부 (02)324-2347, 경영지원부 (02)325-6047
팩스 | 편집부 (02)324-2348, 경영지원부 (02)2648-1311
e-mail | jamoteen@jamobook.com

ISBN 978-89-544-5225-0 44410
      978-89-544-5196-3 (세트)

이지현 지음

NEW
수학자가 들려주는
수학 이야기
29

유클리드가
들려주는
공간도형 이야기

|주|자음과모음

수학자라는 거인의 어깨 위에서
보다 멀리, 보다 넓게 바라보는
수학의 세계!

수학 교과서는 대개 '결과'로서의 수학을 연역적으로 제시하는 경향이 강하기 때문에 학생들은 수학이 끊임없이 진화해 왔다고 생각하기 어렵습니다. 그렇지만 수학의 역사는 하나의 문제가 등장하고 그에 대해 많은 수학자가 고심하고 이를 해결하는 가운데 새로운 아이디어가 출현해 온 역동적인 과정입니다.

〈NEW 수학자가 들려주는 수학 이야기〉는 수학 주제들의 발생 과정을 수학자들의 목소리를 통해 친근하게 이야기 형식으로 들려주기 때문에 학생들이 수학을 '과거 완료형'이 아닌 '현재 진행형'으로 인식하는 데 도움이 될 것입니다.

학생들이 수학을 어려워하는 요인 중의 하나는 '추상성'이 강한 수학적 사고의 특성과 '구체성'을 선호하는 학생의 사고 사이에 존재하는 간극이며, 이런 간극을 줄이기 위해서 수학의 추상성을 희석시키고 수학 개념과 원리의 설명에 구체성을 부여하는 것이 필요합니다.

〈NEW 수학자가 들려주는 수학 이야기〉는 수학 교과서의 내용을 생동감 있게 재구성함으로써 추상적인 수학을 구체성을 갖는 수학으로 변모시키고 있습니다. 또한 중간중간에 곁들여진 수학자들의 에피소드는 자칫 무료해지기 쉬운 수학 공부에 윤활유 역할을 해 줄 것입니다.

〈NEW 수학자가 들려주는 수학 이야기〉의 구성을 보면 우선 수학자의 업적을 개략적으로 소개하고, 6~9개의 강의를 통해 수학 내적 세계와 외적 세계, 교실 안과 밖을 넘나들며 수학 개념과 원리를 소개한 후 마지막으로 강의에서 다룬 내용을 정리합니다.

이런 책의 흐름을 따라 읽다 보면 각각의 도서가 다루고 있는 주제에 대한 전체적이고 통합적인 이해가 가능하도록 구성되어 있습니다. 〈NEW 수학자가 들려주는 수학 이야기〉는 학교 수학 교과 과정과 긴밀하게 맞물려 있으며, 전체 시리즈를 통해 학교 수학의 많은 내용들을 다룹니다. 따라서 〈NEW 수학자가 들려주는 수학 이야기〉를 학교 수학 공부와 병행하면서 읽는다면 교과서 내용의 소화 흡수를 도울 수 있는 효소 역할을 할 것입니다.

뉴턴이 'On the shoulders of giants'라는 표현을 썼던 것처럼, 수학자라는 거인의 어깨 위에서는 보다 멀리, 넓게 바라볼 수 있습니다. 학생들이 〈NEW 수학자가 들려주는 수학 이야기〉를 읽으면서 각 수학자의 어깨 위에서 보다 수월하게 수학의 세계를 내다보는 기회를 갖기를 바랍니다.

홍익대학교 수학교육과 교수 |《수학 콘서트》저자 박경미

세상의 진리를 수학으로 꿰뚫어 보는 맛
그 맛을 경험시켜 주는 '공간도형' 이야기

제가 중학생이었을 때 자주 보던 과학 잡지가 있는데, 그 잡지에는 항상 '망원경' 광고가 있었습니다. 저는 달을 볼 수 있는 그 망원경이 무척 사고 싶었습니다. 그런데 그 망원경의 가격이 한 달이 멀다하고 계속 오르는 바람에 저는 망설이기만 하고 결국 사지는 못했답니다. 망원경으로 달의 모습을 관찰하는 것이 사람의 눈보다 훨씬 더 자세하겠지만, 그것이 달에 대해 더 많은 것을 말해 줄 수 있다고 확신할 수는 없습니다.

우리는 외부 세계의 지식을 습득하고 또 많은 것을 수행하기 위해 감각을 사용합니다. 그러나 감각은 많은 부분에 있어 정확하지 않습니다. 감각을 넘어서는 직관 또한 믿을 만하다고 장담할 수는 없습니다. 가령, 어떤 사람이 서울에서 대전까지 갈 때는 시속 60킬로미터로, 올 때는 시속 30킬로미터로 자동차를 운전했다고 합시다. 이 경우, 우리는 직관적으로 평균 시속을 45킬로미터로 생각할지도 모릅니다. 하지만 정답은 시속 40킬로미터입니다.평균 속력＝전체 거리를 전체 걸린 시간으로 나눈 것.

어떤 명제주장에 대해서 그 이유를 이치에 맞게 설명할 수 없다면 모든 사람을 납득시킬 수 없을 것입니다. 모두를 이해시키는 수단이나 방법으로 증명하는 것, 즉 논리적인 설명이 필요한 것입니다. 수학에서 직관은 아주 중요한 것이지만 앞의 예처럼 직관이 항상 옳은 것은 아닙니다.

인간의 사고와 판단에 있어 매우 중요한 증명 정신을 확립하여 후세에 전한 것으로 유클리드가 쓴《기하학 원론》이라는 책을 들 수 있습니다. 여러분이 앞으로 읽게 될 이 책은 유클리드의《기하학 원론》을 배우는 것을 시작으로 점, 선, 면에 대해서 알아보게 됩니다. 도형에 관한 기본적인 이해를 바탕으로 책의 후반부에서는 고등학교 수학 교과서에서 주로 다루는 공간도형을 학습하게 됩니다. 비록 그 내용이 고등학교 교과 과정에서 다루어진다 할지라도 어려운 내용을 배제하고 공간도형에 관한 개념을 쉽고 재밌게 설명하고 있기 때문에 중학생도 충분히 읽을 수 있도록 하였습니다. 그런 면에서 이 책은 고등학생의 경우 예습과 복습의 차원에서 접근할 수도 있을 것입니다.

음악을 즐기면서 혹은 그림을 즐기면서 '이것을 왜 배워야 하는가, 무엇에 쓸 수 있는가.'라고 생각하는 사람은 드물 것입니다. 단순히 즐긴다는 것 그리고 그것을 해 나가면서 즐거움과 행복을 느낀다는 점에서 모든 학습도 시작되어야 할 것입니다. 이번 기회를 통해 수학을 공부하면서도 많은 사람이 즐거움이나 행복감을 느낄 수 있기를 바랍니다.

이지현

차례

1 이 책은 달라요

《유클리드가 들려주는 공간도형 이야기》에서는 유클리드가 아홉 번의 수업을 통해 공간도형에 대해 알려 줍니다. 유클리드의 저서《기하학 원론》에서 시작하여 기본적인 점, 선, 면을 배우고 비유클리드 기하학까지 함께 배워 봅니다.

이 책은 기하의 발달순으로 수업이 배열되어 있기 때문에 원론, 해석 기하, 비유클리드 기하 등을 통해 기하의 역사적 흐름을 알 수 있습니다. 또한 주변을 관찰하고 실제적인 예를 통해 설명하고 있으므로 공간도형의 내용을 배우면서 평면과 공간의 차이점을 느낄 수 있습니다.

2 이런 점이 좋아요

① 어려운 수학 내용을 다양한 예시와 이야기를 통해 쉽게 접근할 수 있게 합니다.

② 생활 속의 여러 상황을 통해 수학이 우리 주변에 가까이 있음을 느낄 수 있습니다.

③ 고등학생에게는 기하와 공간도형에 대한 여러 읽을거리를 제공해 수리 논술을 대비할 수 있게 하였습니다.

3 교과 연계표

학년	단원(영역)	관련된 수업 주제 (관련된 교과 내용 또는 소단원명)
중 1, 3	도형과 측정	기본 도형, 작도와 합동, 삼각비
고 2~3	도형과 측정	기하

4 수업 소개

1교시 기하학 원론

유클리드의《기하학 원론》이 어떤 책인지 알아봅니다. 정의, 공준, 공리가 무엇인지 알아봅니다.

- **선행 학습** : 삼각형 내각의 합
- **학습 방법** : 유클리드의 원론에 대해 소개하고, 종이로 타일을 덮는 실험을 통해《기하학 원론》에서 이야기하는 것의 중요성을 알아봄

니다.

2교시 점, 선, 면과 차원

점, 선, 면이 무엇인지 알아보고 무정의 용어에 대해 알아봅니다. 차원에 대해 알아봅니다.

- **선행 학습** : 유클리드의《기하학 원론》에서는 다음과 같이 점, 선, 면을 정의합니다.
- 점은 부분이 없는 것이다.
- 선은 폭이 없는 길이다.
- 면은 길이와 폭만 있는 것이다.
- **학습 방법**
- 유클리드 정의의 불완전함을 통해 무정의 용어의 도입을 생각해 봅니다. 자유도와 관련한 차원에 대해서도 알아봅니다.

3교시 직선, 점, 평면의 결정조건

공간도형의 기본 성질을 알아봅니다. 직선, 점, 평면의 결정조건에 대해 알아봅니다.

- **선행 학습** : 점, 선, 면
- **학습 방법** : 공간도형의 기본 성질을 그림과 함께 알아보고, 실제로 입체로 된 물질을 잘라 봄으로써 그러한 기본 성질을 관찰해 봅니다.

공간에서 두 직선의 위치 관계에 대해 알아봅니다.

- **선행 학습** : 평면에서 서로 다른 두 직선의 위치 관계는 다음과 같습니다.
- 두 직선이 만난다. 한 점에서 만나거나 일치하는 경우
- 두 직선이 평행하다.
- **학습 방법** : 공간에서 두 직선의 위치 관계는 평면에서 두 직선의 위치 관계와 다르며 그 차이를 모델을 관찰해 봄으로써 알아봅니다. 직육면체의 예에서 꼬인 위치의 직선을 찾아봅니다. 또 이 예에서 꼬인 위치인 직선의 각을 재어 봅니다.

직선과 평면, 평면과 평면의 위치 관계를 알아봅니다.

- **선행 학습** : 두 직선이 만나는 각이 90°가 될 때, 두 직선은 '수직'이라고 합니다.
- **학습 방법** : 실제 물체를 통해 직선과 평면, 평면과 평면의 위치 관계를 알아봅니다. 중요한 정리의 증명을 따라가 봅니다.

삼수선의 정리와 정사영에 대해 알아봅니다.

- 선행 학습

- 직선이 평면상에서 만나는 두 직선과 각각 수직이면 그 직선과 평
  면은 수직입니다.

- 그림자의 면과 수직이 되게 똑바로 빛을 비추었을 때 생긴 그림자
  를 정사영이라고 합니다.

- 학습 방법 : 삼수선의 정리는 '점 P에서 직선에 수직선을 그을 수 있
  다.'는 전제하에, 평면상에 있지 않은 한 점 P에서 평면에 수직선을
  그리는 방법을 말해 주는 정리라고 할 수 있습니다. 실제 평면과 그
  점에 있지 않은 한 점으로 수직선을 그리는 방법을 차례대로 따라가
  보며 삼수선의 정리를 익혀 봅니다. 실제 그림자를 만들며 정사영
  후의 도형을 예상해 보고, 원래 도형의 넓이와 그 도형의 정사영의
  넓이 사이의 관계도 알아봅니다.

7교시 해석기하학

해석기하학의 발생에 대해 알아봅니다.

- 선행 학습 :《기하학 원론》은 정의와 공준에서 출발해 논리적으로 전
  개해 나가는 특징을 가지고 있습니다.

- 학습 방법 : 해석기하학이 탄생하게 된 것을 원론에서부터 역사적으
  로 이야기해 줍니다.

공간 좌표

공간 좌표에 대해 알아봅니다.

- 선행 학습 : 평면 좌표

- 학습 방법 : 공간에서 점의 위치를 나타내는 방법을 생각해 봅니다. 공간에서 점의 위치를 나타내기 위해서는 3개의 좌표가 필요함을 알고, 평면에서 두 점 사이의 거리를 구하는 방법을 이용해서 공간에서 두 점 사이의 거리를 구하는 방법을 알아봅니다. 또 이를 이용하여 구의 방정식을 구해 봅니다.

비유클리드 기하학

비유클리드 기하학에 대해 알아봅니다.

- 선행 학습 : 평면에서 두 점을 잇는 최단거리를 직선이라고 합니다.

- 학습 방법 : 지구본, 야구공 등 실제 모델을 가지고 유클리드의 평행선 공준이 성립하지 않는 예를 살펴보며 유클리드 기하학과 다른 기하학이 존재함을 알아봅니다.

유클리드를 소개합니다

Euclid(B. C.330~B. C.275)

유클리드는 프톨레마이오스 왕에게 강의를 했는데 하루는 왕이 기하학 공부가 어려워 "좀 더 쉽게 배우는 길은 없겠는 가?"라고 물었습니다. 이에 유클리드는 "기하학 공부에 왕도는 없습니다."라고 답했습니다.

《스토이케이아》라고 불리는 책. 영어로는《The Elements》라고 번역된 책.

유클리드의《기하학 원론》은 손으로 꼽을 수 있을 정도로 수가 적은 초기 가정으로부터 출발해서 정리를 선택하고 논리적인 순서로 그 정리들을 배열합니다. 유클리드는 이 과정을 통해 수학에서 무엇보다 중요시되는 '증명'의 정신을 보여 주고 있습니다.

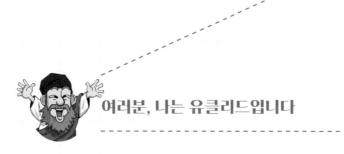

여러분, 나는 유클리드입니다

안녕하세요. 나는 '유클리드'입니다.

내 생애에 대해서는 거의 알려진 것이 없습니다. 너무 오래전이라 정확한 기록이 남아 있지 않아요. B.C.330년경 시리아에서 태어났다고만 짐작합니다. 확실한 것은 알렉산드리아 대학의 수학 교수를 지냈다는 사실이죠.

이집트의 통치자였던 프톨레마이오스 왕은 알렉산드리아라는 신도시에 지식인들을 불러 모아 알렉산드리아 대학을 설립했습니다. 알렉산드리아 대학은 오늘날의 대학과 거의 유사한 형태의 교육 기관이었고, 1000년 가까이 그리스인들의 학문의 중심지가 되었습니다. 641년 오마르 장군이 이 도시를 점령했을 때, 6개월이라는 기간 동안 모든 책을 불태워 없애 버렸습니다. 그래서 내가 쓴《기하학 원론》의 원본도 전해지지 않고 테온이 쓴 교정본의 복사본만이 전해지게 되었습니다.

나는 프톨레마이오스 왕에게 기하학을 가르쳤는데, 한번은 공부에 지친 프톨레마이오스 왕이 기하학을 터득하는 지름길을 물었습니다. 그래서 나는 "기하학에는 왕도가 없다."라고 대답했답니다. 그리고 또 어느 날에는 한 학생이 내게 와서 "기하학을 배워서 무엇을 얻을 수 있는 겁니까?"라고 묻더군요. 그래서 나는 하인을 불러 다음과 같이 말했지요.

"그에게 동전 세 개를 주거라. 그는 자기가 배운 것으로부터 반드시 무엇을 얻어야만 하니까."

알렉산드리아의 수학자 파포스는 나에 대해 다음과 같이 말했다고 합니다.

"유클리드는 수학을 잘하는 사람에게 호의를 가졌고 자기 자신을 자랑하거나 성을 내지 않는 엄밀한 학자였다."

나는 광학, 천문학, 음악에 대해서도 많은 책을 썼습니다. 그래도 무엇보다《기하학 원론》이 가장 많이 알려져 있지요.《기하학 원론》은 여러 나라의 언어로 번역되어 성경 다음으로 많이 읽힌 책으로, 탈레스, 에우독소스, 테아이테토스의 정리를 모아 허술하게 증명된 것을 잘 다듬어 증명해 놓았습니다. 기존에 있던 여러 내용을 모아 완벽하게 재정리했다는 데 의의가 있다고 할 수 있지요.

정의, 공리, 공준을 바탕으로 명제들을 엄밀하게 증명한 《기하학 원론》의 체계는 논리적 사고력을 키우는 데 적합하다고 인정되어 2000년 넘게 대학에서 기하학 교재로 사용되었습니다. 그래서 이에 근거한 기하를 '유클리드 기하'라고 부르기도 하지요. 그렇지만 이러한 추상적 논리 전개에 전혀 문제가 없었던 것은 아닙니다. 추상적인 내용이 담긴 데 반해 구체적인 양의 계산은 언급되지 않았기 때문이죠. 기본적인 삼각형의 넓이를 계산하는 공식조차 나타나 있지 않죠. 작도를 할 때 사용하는 자에도 눈금이 없고요. 우리 그리스인의 사고가 구체적이고 실용적인 것을 도외시하고 추상적인 것만을 '지적知的'으로 여겼던 데에 그 이유가 있지 않나 생각해 봅니다.

그래도 원론의 문제점은 후대의 많은 수학자의 노력에 의해 보완되었습니다.

흔히 우리가 살고 있는 세계를 3차원이라고 합니다. 3D 게임, 3D 입체 영상 같은 말에 쓰이는 3D는 '3dimension3차원'의 약자이지요. 자, 그럼 이제 3차원 공간에 대해 여러분과 함께 공부해 보려 합니다. 어려울 것 같다고 미리 겁먹을 필요는 없습니다. 나와 함께 가벼운 마음으로 공간도형 여행을 떠나 봅시다.

이 학생에게 동전 세 개를 주거라.

이거 받으시오.

왜 제게 동전을 주십니까?

기하학을 공부하면 얻는 게 있어야 한다고 하지 않았느냐?

그거 갖고 여길 떠나라!

제가 잘못했습니다.

지금까지의 수학을 모두 정리하자.

드디어 《기하학 원론》을 완성했다.

《기하학 원론》 한 권 주세요.

나도! 나도!

원론만 공부하면 수학은 완전 정복이야.

《기하학 원론》은 성경 다음으로 많은 사람이 읽은 책이랍니다.

하지만 7세기 이슬람군의 침입으로 《기하학 원론》의 원본은 소실되고 테온이 쓴 교정본의 복사본만 전해집니다.

유클리드라고 다 맞는 것은 아냐.

《기하학 원론》도 오류가 있어.

수학자1

수학자2

비유클리드 기하학이 생겨났지만, 《기하학 원론》의 위대함은 변하지 않았답니다.

비유클리드 기하학

원론

여러분이 열심히 수학을 공부한다면

나보다 더 위대한 수학자가 되고, 《기하학 원론》보다 더

훌륭한 책을 쓸 수 있을 것입니다.

기하학 원론

《기하학 원론》은 어떤 책일까요?
유클리드의 《기하학 원론》에 대해 알아봅시다.

1. 유클리드 《기하학 원론》에 대해 알아봅니다.
2. 정의, 공준, 공리가 무엇인지 알아봅니다.

미리 알면 좋아요

1. 삼각형의 내각의 합은 $180°$입니다.

2. 정n각형의 내각의 합은 $180 \times (n-2)$입니다. 따라서 정n각형의 한 내각은 $\dfrac{180 \times (n-2)}{n}$ 입니다.

유클리드의
첫 번째 수업

안녕하세요, 여러분. 만나게 되어 반갑습니다. 여러분과 함께 공간에 대해 공부하게 될 유클리드라고 합니다.

오늘은 먼저 내 책에 대해 이야기하려고 합니다. 내가 쓴 책 《기하학 원론》에 대해서 말이죠. 여러분도 《기하학 원론》이라는 책 이름은 많이 들어 봤죠? 《기하학 원론》은 그리스어로 '스토이케이아Stoicheia'라고 하는데, 입문이나 초보라는 뜻을 가졌습니다. 로마 사람들이 이것을 '엘레멘타Elementa'라고 번역을 했고, 영어로는 '엘리먼츠The Elements'라고 불렀어요. 사실 '기하학 입문'정도가 적당한 말인 것 같아요.

내 자랑 같기는 하지만, 내가 쓴 열세 권의 책은 기원전 300년부터 수백만, 수천만 명의 사람이 기하학을 공부한 책입니다. 전 세계 모든 언어로 번역되었고 아직도 베스트셀러이지요. 뭐, 성경 다음으로 많이 읽힌 책이라고도 하니까요. 흐흠.

직접《기하학 원론》을 보면 알겠지만, 한 개인의 힘으로 이와 같은 책을 내는 것은 쉽지 않습니다. 사실 내 책은 당시 떠돌아다니던 기하학의 모든 지식을 수집해서 일목요연하게 정리한 책이라고 할 수 있습니다. 내가 살았던 시대 이전에도 탈레스나 피타고라스 같은 유능한 인재들이 있었죠. 그러나 자신들은 그들이 발견한 지식을 정리하고 책으로 쓰는 일에 유념하지 않았기 때문에 내가 이를 모아 정리한 것이랍니다.

하지만 내 책은 단순히 그들의 지식을 모아 두기만 한 것이 아닙니다. 짜임새 있게 체계적으로 꾸몄기 때문에 지금과 같은 위치에 있을 수 있었을 거예요. 다시 말해 내 책의 위대함은 수학적 내용에 있다기보다는 그것들을 체계적으로 조직한 데 있다고 볼 수 있습니다.

내 책은 지금도 많은 기하학 문제를 해결하는 데 사용된답니다. 일종의 도구함이라고 할 수 있겠죠. 일상적인 예를 들자면 화

장실 바닥을 예쁜 타일로 덮고 싶을 때도 이용할 수 있습니다.

자, 우리 색종이 놀이를 해 볼까요? 종이를 화장실 바닥이라 생각하고 타일로 덮는다고 생각해 봅시다. 여러분은 어떤 모양을 고르겠습니까? 정삼각형과 정사각형, 정육각형, 정팔각형 중에서 하나의 모양을 골라 보세요. 그리고 종이에 그 모양을 한번 덮어 보세요. 여기 풀을 가져다 사용해도 좋아요.

"선생님, 저는 정사각형으로 할게요. 저처럼 단순한 모양이 좋아요. 헤헤."

"저는 정육각형으로 하고 싶어요. 벌집 모양처럼요. 벌집이 정육각형이잖아요."

"저는 좀 색다르게 해 보고 싶어요. 정팔각형으로 할게요."

네, 그래요. 하지만 그중에는 바닥을 덮을 수 없는 모양도 있답니다. 직접 해 보지 않아도 알 수 있어요. 하하하, 그렇다고 내가 쓴《기하학 원론》에 어떻게 해야 바닥을 잘 덮을 수 있는지 적혀 있는 것은 아니랍니다. 다만, 책에서는 다른 방식으로 그것을 말해 주고 있지요.

"선생님, 정팔각형은 안 돼요. 다른 건 다 되는데 왜 안 되죠?"

그렇죠? 자, 그럼 이제부터 왜 정팔각형은 안 되는지 설명을 하도록 할게요. 나중에 다시 설명하겠지만, 우리는《기하학 원론》을 통해 한 가지 정리를 얻을 수 있는데 '삼각형의 세 내각을 더하면 180°가 된다.'는 것입니다. 이것은 간단하지만 매우 중요한 사실을 말해 주는 정리예요.

자, 그럼 정팔각형을 칠판에 그려 보겠습니다. 그리고 8개의 삼각형으로 나누어 볼게요.

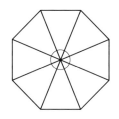

위의 그림에는 8개의 삼각형이 있습니다. 그리고 각 삼각형은 내각의 합이 180°입니다. 그러므로 8개 삼각형의 내각의 합을 모두 더하면 $180° \times 8 = 1440°$가 되겠죠. 여기서 가운데 있는 360°를 빼 봅시다. 그러면 정팔각형의 내각의 합이 나오게 되겠죠.

결국, 8개의 삼각형 내각의 합1440°에서, 2개의 삼각형 내각의 합$360°=180°×2$을 빼니 정팔각형의 모든 내각의 합인 $1080°$$180°×6$ $=1080°$가 나오게 됩니다. 즉, $180°$가 6개 있게 되는 셈이죠.

그러면 정팔각형은 8개의 각으로 이루어져 있으니까, 정팔각형의 한 내각은 $1080°÷8=135°$가 되겠죠? 우리는 이것을 통해 어떤 정팔각형이라도 한 내각은 $135°$라는 사실을 알 수 있습니다. 그럼 이제 이것으로 타일 바닥을 덮어 봅시다. 우선 2개의 타일을 붙여 봅시다.

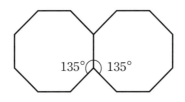

두 팔각형의 두 각이 맞붙어 새로 생긴 한 각의 크기는 $270°$가 됩니다. 이제 이 새로운 각을 뺀 나머지 공간에 다시 다른 팔각형을 넣어야 하므로 남은 각은 팔각형의 한 각의 크기인 $135°$가 되어야 합니다. 하지만 이 공간의 크기는 '$360°-270°=90°$'가 되므로 팔각형의 한 각이 들어갈 수 없습니다. 이 각의 크기인 $90°$를 만족하기 위해서는 한 각의 크기가 $90°$인 정사각형이 필요할 것입니다.

이처럼 같은 모양으로 평면인 바닥을 빈틈없이 덮을 수 있는 도형은 세 가지뿐입니다. 정삼각형, 정사각형, 정육각형이 바로 그것입니다. 방금 우리가 눈으로 확인했던 방법으로 계산해 보면 쉽게 알 수 있을 것입니다.

자, 이제《기하학 원론》이라는 책에 대해 알아보겠습니다. 여러분이 지금 당장 이 책을 펼쳐 본다면 아마 깜짝 놀랄 수도 있을 것입니다. 왜냐하면 이 책은 머리말이나 인사말도 없이 대뜸 23개의 정의와 5개의 공준, 또 5개의 공리가 적혀 있기 때문입니다. 그리고 그 뒤에는 다시 그것에 대한 정리가 이어집니다.

우선《기하학 원론》의 구성을 살펴보면,《기하학 원론》은 모두 13권으로 구성되어 있습니다. 1권부터 6권까지는 평면기하를 다루고 있고 그중 5권은 비율에 대해 다루고 있습니다. 그리고 7권부터 9권은 수에 대한 이야기가 나오고 10권은 무리수에 대한 이야기, 11권부터 13권까지는 지금 우리가 배우고 있는 공간도형에 대해 다루고 있습니다.

그럼 제1권을 살펴봅시다.

<정의>

(1) 점은 부분이 없는 것이다.

(2) 선은 폭이 없는 길이다.

(3) 선의 끝은 점이다.

(4) 직선은 점들이 쭉 곧게 있는 것이다.

(5) 면은 길이와 폭만 있는 것이다.

(6) 면의 끝은 선들이다.

(7) 평면은 직선들이 나란히 곧게 있는 것이다.

......

평행선이란 같은 평면에 있는 직선으로서 양쪽으로 아무리 길게 늘여도 양쪽 어디에서도 만나지 않는 직선을 말한다.

<공준>

(1) 모든 점에서 다른 모든 점으로 직선을 그을 수 있다.

(2) 유한한 직선은 얼마든지 길게 늘일 수 있다.

(3) 모든 점에서 모든 거리를 반지름으로 하는 원을 그릴 수 있다.

(4) 직각은 모두 서로 같다.

(5) 두 개의 직선이 있고, 다른 한 직선이 이 두 개의 직선과 만나는데, 어느 한쪽의 두 내각을 더한 것이 두 개의 직각보다 작다고 하자. 그러면 두 직선을 길게 늘였을 때, 두 직선은 내각을 더한 것이 두 개의 직각보다 작은 쪽에서 만난다.

〈공리〉

(1) 어떤 것 둘이 어떤 것과 서로 같다면 그 둘도 서로 같다.

(2) 서로 같은 것들에 서로 같은 것들을 더하면, 그 결과도 서로 같다.

(3) 서로 같은 것들에서 서로 같은 것들을 빼면, 그 결과도 서로 같다.

(4) 서로 겹쳐지는 것은 서로 같다.

(5) 전체는 부분보다 크다.

자, 어떻습니까? 정의니, 공리니 하는 어려운 낱말이 등장하지요. 이것들이 아주 중요한 말이긴 하지만 머리가 어지러운 것도 사실입니다.

우선 '정의'란, 한 낱말의 뜻을 분명하게 정하는 것이라 할 수 있습니다. 가령, 어떤 것을 정의한다고 하면 그 대상의 본성이 뚜렷하게 나타나야 합니다. 정의는 우리가 사전에서 볼 수 있는 '설명'과는 또 다른 것입니다.

예를 들어 원을 봅시다.

'원이란 무엇인가?'라고 물었을 때 어떻게 답할 수 있을까요?

제1권의 정의에서 '원이란 그 도형의 내부에 있는 한 점으로부터 그 선에 이르는 모든 선분의 길이가 서로 같은, 하나의 선으로 둘러싸인 평면도형이다.'라는 개념을 나름대로 분명히 규정짓고 있습니다. 이런 것을 바로 '정의'라고 합니다.

이제 공리와 공준에 대해서 알아봅시다. 과연 이 둘은 어떻게 다를까요? 아리스토텔레스는 그 차이를 다음과 같이 말했답니다.

"공리란 모든 학문에 공통적인 진리이지만, 공준은 어떤 학문에만 고유한 기본적인 약속이다."

이제 정리와 증명이 남았습니다. '정리'란 다음과 같이 정의할 수 있습니다. '공리로부터 출발하고 바른 논리적 추리에 의해서 어떤 명제에 도달할 때, 이 명제를 정리라고 한다.'

어떤 명제주장에 대해서 그 이유를 이치에 맞게 설명할 수 없다면 모든 사람을 납득시킬 수 없을 것입니다. 모두를 이해시키는 수단과 방법으로 '증명', 즉 논리적인 설명이 필요한 것이죠.

자, 그럼 다음 그림을 통해 증명이 중요한 이유를 알아봅시다.

<기하학적 착시>

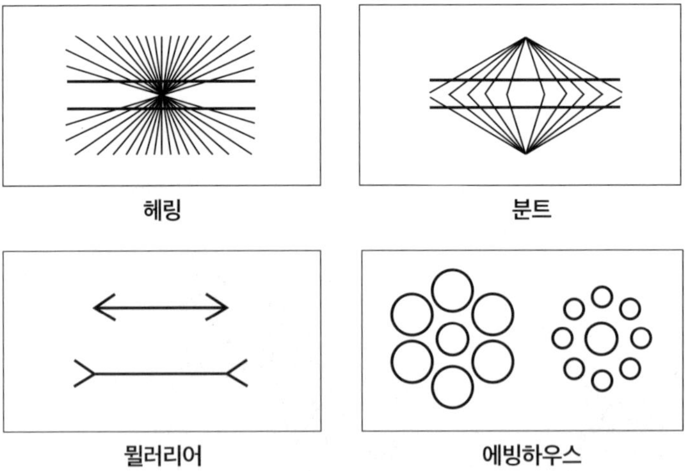

헤링

분트

뮐러리어

에빙하우스

헤링과 분트의 선은 평행함에도 불구하고 우리 눈에는 그렇게 보이지 않습니다. 그리고 뮐러리어 도형의 경우도 실은 두 선분의 길이가 같지만 언뜻 서로 다르게 보입니다. 에빙하우스의 원도 마찬가지로 가운데 있는 두 원의 크기가 같음에도 불구하고 서로 다르게 느껴집니다.

　수학에서 직관은 아주 중요하지만 항상 옳은 것만은 아니랍니다. 직관의 역할이 중요한 것은 틀림없지만, 직관의 정당성을 논리적으로 뒷받침증명하지 못한다면 그것은 하나의 정리가 될 수 없습니다.

　이와 같은 점에서 《기하학 원론》이라는 책은 '증명의 정신'을 확립하여 후세에 전한 것으로 높이 평가받습니다. 몇몇 사람은 이것을 따지기 좋아하는 그리스인의 민족성이 반영된 것이라 하지만, 내가 살았던 시대의 상황을 알게 된다면 좀 더 폭넓게 이해할 수 있을 것입니다. 그리스 시대에는 아고라agora라는 광장이 있어, 시민들이 예술과 경제 활동을 영위하면서 서로 논쟁도 자주 했습니다. 그런데 그중에는 간혹 말썽을 부리는 철학자들이 있었습니다. '엘레아학파'로 불리는 철학자들이 바로 그들이었는데, 제논이라는 철학자도 그에 포함됩니다. 제논은 '아킬레스와 거북'의 패러독스로 유명한 사람이죠. '엘레아학파'는 '운동'이라는 것은 불가능하다는 입장을 가지고 있었어요. 분명 실제로는 운동이 존재하는데도 말이죠. 따라서 '두 점을 지나는 직선을 그릴 수 있다._{공준1}'와 같은 공준을 만들 수밖에 없었답니다. 그렇지 않으면 그들의 반론 때문에 어느 것도 말할 수가 없었을 것이기 때문이죠. 사사건건 논쟁을 만드는 철학자들로부터 공격을 피하기 위해 수학 체계를 정비한 것이 《기하학 원론》이라고 할 수 있어요. 지나치게 엄밀하다거나 연역적이라는 비판을 받기도 하지만, 그 시대 상황에서는 어쩔 수 없었다고 말하고 싶네요.

사실 아직까지도 중학교, 고등학교 교과서에 나오는 논증 기하는 《기하학 원론》의 내용을 많이 담고 있답니다. 나중에 교과서와 《기하학 원론》을 한번 비교해 보세요. 지금은 여러분이 읽기 쉽지 않을 것입니다. 하지만 수학에 관심 있는 학생들은 나중에 꼭 읽어 보기 바랍니다.

그럼 다음 시간에 또 만납시다.

❶ 《기하학 원론》은 수학적 내용을 체계적으로 조직한 책입니다.

❷ '정의'란 낱말의 뜻을 분명하게 정하는 것입니다.

❸ '공리'란 모든 학문에 공통적인 진리이지만, '공준'은 어떤 학문에만 고유한 기본적인 약속이라고 할 수 있습니다.

❹ 어떤 명제를 납득시키기 위해서는 '증명', 즉 논리적인 설명이 필요합니다.

점, 선, 면과 차원

점, 선, 면이란 무엇일까요?

1. 점, 선, 면이 무엇인지 알아봅니다.
2. 점, 선, 면을 왜 무정의 용어로 받아들이는지 이유를 알아봅니다.
3. 차원에 대해 알아봅니다.

미리 알면 좋아요

유클리드 원론에서는 점, 선, 면에 대해 다음과 같이 정의합니다.
· 점은 부분이 없는 것이다.
· 선은 폭이 없는 길이다.
· 면은 길이와 폭만 있는 것이다.

유클리드의
두 번째 수업

점, 선, 면에 대해서는 누구나 직관적인 정의를 가지고 있을 것입니다. 여러분도 머릿속에서 자동으로 그려지지 않나요?

점   선   면

유클리드의 《기하학 원론》에서는 점, 선, 면을 다음과 같이 정의합니다.

(1) 점은 부분이 없는 것이다.
(2) 선은 폭이 없는 길이이다.
(3) 면은 길이와 폭만 있는 것이다.

그렇지만 이 정의에 따르면 점, 선, 면은 우리가 그릴 수 없는 것이 됩니다. '점이란 위치만 있고, 크기가 없는 것이다.'라는 설명도 들어 보았을 텐데, 그래도 그 말이 석연치 않게 들릴 겁니다. 사실 나도 이것들을 정의해 놓긴 했지만 나중에는 이 정의를 사용하지 않았답니다. 점, 선, 면은 기하학을 시작하는 가장 기본적인 개념이지만 정의하기가 참 까다롭지요.

수학에서 생각하는 '점'이란, 크기가 없고 위치만 나타내는, 즉 아무리 확대해도 결코 커지지 않고 원래 상태로 있는 그러한 점이지요. 하지만 문제는 다음부터인데, 이 '크기가 없는' 점이 모여 어떻게 선이 되는가 하는 것입니다. 아무것도 없는 것에서 어떻게 무언가 생길 수 있는지, 크기가 없는 점들이 이어져 어떻게 길이를 이루게 되는 것인지 받아들이기 힘듭니다. 그러니 내가

《기하학 원론》에서 정의한 대로라면 도저히 점이나 선은 그릴 수가 없지요. 점을 찍는 순간 그 점만큼의 크기가 생길 테니까요.

따라서 점, 선, 면은 구체적인 형태가 아닌 머릿속에 존재하는 하나의 개념으로 받아들일 필요가 있습니다. 현실에서의 점은 크기를 갖고 있으나 수학에서의 점은 크기 없이 위치만 있는 것이죠.

그동안 수학자들도 이 문제를 해결하려고 애를 썼답니다. 힐베르트라는 수학자는 유클리드 기하의 점, 선, 면에 대한 정의를 '무정의 용어'로 쓰자고 했습니다. 무정의 용어란 '점이란 이러한 것이다.'라는 특수한 정의 없이 그냥 사용하는 용어라는 뜻이죠. 그 뜻을 분명히 정의하지 않은 채, 직관적으로 받아들여 사용하자는 것입니다.

점은 대수에서 0과 비슷한 의미를 가진다고 생각할 수도 있습니다. 점 없이는 도형이 존재할 수 없죠. 점은 어떤 방향으로도 크기를 차지하지 않기 때문에 그 크기는 0이라고 할 수 있습니다.

한편, 점을 움직여 새로운 것을 탄생시키고자 생각한 사람들도 있습니다. 점을 움직여 직선을 만드는 것이죠.

직선은 양방향으로 늘어납니다. 그렇기 때문에 직선은 시작과 끝이 없는 선이죠. 그래서 이러한 직선을 '1차원'이라고 말하기도 합니다.

이에 반해, 평면은 두 개의 차원을 가집니다. 우리 주위에서 찾아보면 여러분이 사용하는 공책이 '2차원'이라고 할 수 있습

니다. 평면과 종이의 차이점이라고 한다면 종이에는 시작과 끝이 있지만 평면은 끝이 없다는 것이에요. 물론 직선과 선분의 차이도 이와 유사합니다. 직선은 끝이 없지만 선분은 끝이 있어 길이를 잴 수 있답니다.

우리가 살고 있는 세계는 '3차원' 공간이라고 합니다. 전후, 좌우, 상하의 세 방향으로 뻗은 세계이기 때문이죠. 이렇게 볼 때, 좌우로만 뻗은 세계를 1차원, 전후·좌우로 뻗은 세계를 2차원, 전후·좌우·상하로 뻗은 세계를 3차원이라고 부른다는 것을 알 수 있습니다.

1차원 공간	직선
2차원 공간	평면
3차원 공간	공간

아리스토텔레스는 공간이 세 개의 차원을 갖는 이유를 다음과 같이 얘기했답니다.

"선은 폭을 가지고 있지 않기 때문에 면으로 옮겨질 수 없고, 입체는 완전하기 때문에 길이, 폭, 깊이의 세 개의 차원을 넘어서 다른 차원으로 옮길 수 없다. 따라서 공간은 세 개의 차원을 가질 뿐이다."

이 말은 곧, 우리가 살고 있는 이 공간이 길이·폭·깊이가 존재하는 3차원 공간이기 때문에 더 이상 높은 차원을 인지할 수 없다는 말입니다. 따라서 공간은 세 개의 차원을 가질 수밖에 없습니다. 특히 여기서 아리스토텔레스가 말하는 '차원'이란 '자유도', 즉 자유롭게 움직일 수 있는 방향의 개수를 의미한다고 볼 수 있습니다. 평면에서는 전후뿐 아니라 좌우로도 움직일 수 있으므로 2개의 자유도 공간에서는 거기에다 상하 운동

1차원   2차원   3차원

도 가능하므로 3개의 자유도, 즉 3차원이라 할 수 있겠습니다.

이 '차원'이라는 것은, 보통 그것을 나타내는 좌표의 개수와 관련이 있습니다. 예를 들어 길이밖에 없는 직선상의 점의 위치는 한 개의 수만 있으면 되므로 직선은 1차원이라고 할 수 있습니다. 평면 위에서 점의 위치를 나타내기 위해서는 2개의 좌표가 필요하므로 평면은 2차원이라고 할 수 있습니다. 그리고 가로, 세로와 높이를 가지고 있는 입체 공간의 점을 나타내는 데는 3개의 좌표가 필요하겠죠? 그래서 공간을 3차원이라고 부릅니다.

더 큰 차원을 생각할 때는 그 안의 점의 좌표 수가 곧 차원을 나타낸다고 생각할 수 있습니다.

이번 시간에는 점, 선, 면과 차원에 대해서 간단히 알아보았습니다. 점, 선, 면은 무정의 용어로 받아들인다는 것을 기억하면서, 다음 시간부터는 여러분이 학교에서 배우게 될 내용을 중심으로 이야기해 보려 합니다.

❶ 점, 선, 면은 구체적인 형태가 아닌, 머릿속에서 존재하는 하나의 개념으로 받아들일 필요가 있습니다.

❷ 힐베르트는 유클리드 기하의 점, 선, 면에 대한 정의를 '무정의 용어'로 쓰자고 했습니다. 무정의 용어란 특수한 정의 없이 그냥 사용하는 용어라는 뜻입니다. 용어의 뜻을 분명히 정의하지 않은 채, 직관적으로 받아들여 사용하기로 약속합니다.

❸ 직선은 1차원, 평면은 2차원, 공간은 3차원이라고 합니다.

❹ 차원은 좌표의 개수와 관련되어 있습니다. 3차원의 점을 표현하기 위해서는 3개의 좌표가 필요합니다.

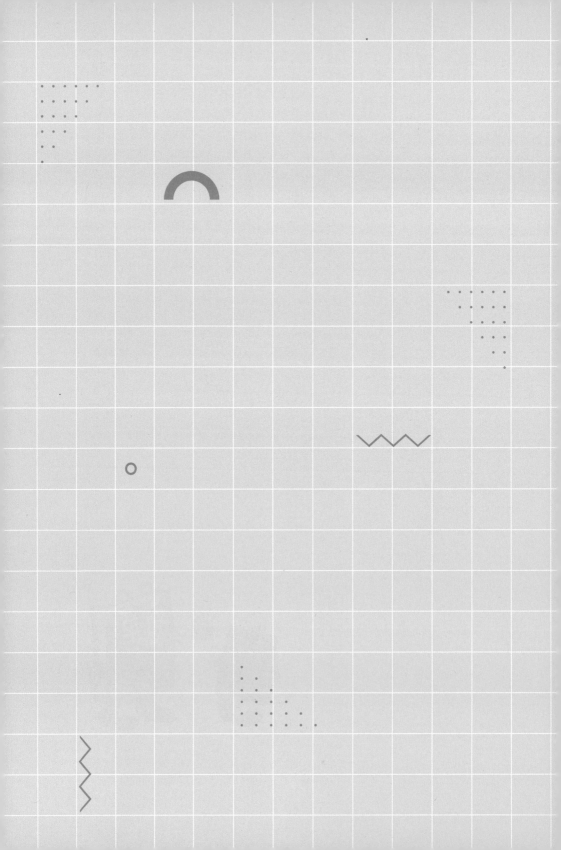

직선, 점, 평면의
결정조건

평면의 결정조건은 무엇일까요? 공간도형의 기본 성질을
알아보고, 직선, 점, 평면의 결정조건에 대해 알아봅시다.

1. 공간도형의 기본 성질을 알아봅니다.
2. 직선, 점, 평면의 결정조건에 대해 알아봅니다.

미리 알면 좋아요

1. 점, 선, 면은 구체적이 아닌, 머릿속에서 존재하는 하나의 개념으로 받아들일 필요가 있습니다.

2. 힐베르트는 유클리드 기하의 점, 선, 면에 대한 정의를 '무정의 용어'로 쓰자고 했습니다. 무정의 용어란 특수한 정의 없이 그냥 사용하는 용어라는 뜻입니다. 용어의 뜻을 분명히 정의하지 않은 채, 직관적으로 받아들여 사용하기로 약속합니다.

유클리드의
세 번째 수업

오늘부터는 공간도형에 대해 이야기하려 합니다. 나중에 다시 설명하는 부분이 있겠지만, 중고등학교 과정에서는 기하를 크게 두 가지로 배웁니다. 논증기하와 해석기하라는 것인데요. 논증기하에서는 《기하학 원론》처럼 정의, 명제, 증명 등을 중심적으로 배우게 되지요. 해석기하는 어떤 도형을 대수적으로 표현해서 문제를 해결합니다. 도형은 함수나 방정식이 되고 그 식을 가지고 문제를 해결하지요.

도형	유클리드적 정의	대수적 방정식
원	한 점에서 일정한 거리를 가진 점들로 이루어진 평면도형	$x^2+y^2=r^2$ 중심이 원점이고, 반지름이 r인 원의 방정식

먼저 나는 논증기하 부분을 이야기하려 합니다. 후에 해석기하에 대해서 이야기할 것이고요.

이 논증기하 부분은 지난 시간에 언급했던《기하학 원론》과 떼려야 뗄 수가 없습니다. 고등학교 교과서의 '공간도형'이라는 부분과《기하학 원론》을 한번 비교해 보면, 교과서에 나와 있는 정리 대부분이 이 책에서 가져온 것임을 알 수 있답니다.

하지만 내가 공간기하를 다루는《기하학 원론》의 13권을 수업하는 것은 무리입니다. 여러분에게는 너무 어렵거든요. 교과서에서는 이 부분을 학생들에게 맞게 수정하고 변형시켜 가르치고 있습니다. 내가 수업하는 것도 여러분이 학교에서 배우게 될 교과서에 있는 내용을 중심으로 하려 합니다. 그러니《기하학 원론》과는 조금 차이가 있겠지요.

먼저 공간도형의 기본 성질을 배워 봅시다.

(1) 한 평면 위의 서로 다른 두 점을 지나는 직선 위에 있는 모든 점은 그 평면 위에 있다. 이때, 평면은 직선을 품는다고 한다.

(2) 한 직선 위에 있지 않는 서로 다른 세 점을 지나는 평면은 오직 하나뿐이다.

(3) 두 평면이 한 점을 공유하면 이 두 평면은 그 점을 지나는 한 직선을 공유한다.

자, 함께 읽어 봅시다. 그런데 그냥 읽어서는 이해가 잘 가지 않을 수도 있어요.

그림으로 그리면 이해하기가 더 쉽습니다. 각 번호에 해당하는 것을 그림으로 한번 그려 볼게요.

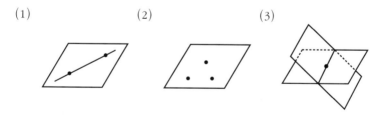

(1)   (2)   (3)

공간도형에서 기본 도형은 점, 직선, 평면인데 이 용어들은 정의 없이 받아들이기로 합니다. 이와 같은 용어를 '무정의 용어'

라고 합니다. 앞의 성질들은 직관적으로 이해하고 증명을 하지 않고 받아들입니다. 앞 시간에 이야기한 것처럼 증명 없이 옳다고 인정하고 앞으로 명제을 증명하는 데 근거를 삼는 것을 '공리'라고 합니다.

하하! 선생님! 선과 선이 만나야지만 점이 생기는군요.

선과 면이 만나도 점이 생기고

세 평면이 모이는 꼭짓점도 있잖아.

어, 그런가?

선생님, 또 하나의 공리를 알아냈어요.

준표의 수학 실력은 영 꽝이라는 사실이요.

아깝군요. 내가 준표 학생을 조금만 일찍 만났으면 공리에 추가했을 텐데요.

평면의 결정조건을 알아보기 전에, 직선과 점의 결정조건을 알아봅시다.

직선의 결정조건은 다음 두 가지입니다.

(1) 서로 만나는 두 평면은 단 하나의 직선을 결정한다.

(2) 서로 다른 두 점은 단 하나의 직선을 결정한다.

이들 역시 그림과 함께 보니 쉽게 이해가 되죠?

점의 결정조건은 다음과 같습니다.

(1) 서로 만나는 두 직선은 오직 하나의 점을 결정한다.

(2) 한 평면과 만나는 한 직선은 오직 하나의 점을 결정한다.

(3) 교선들이 서로 평행이 아니도록 만나는 세 평면은 오직 하나의 점을 결정한다.

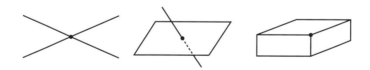

위에서 언급한 것들의 일부를 일상생활에서도 볼 수 있답니다.

 감자를 잘라서 각각 다른 모양을 만들어 봅시다.

 칼로 감자를 한 번 썬 모습입니다.

 두 번째와 평행하지 않게 한 번 더 썬 모습이고요.

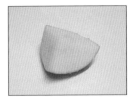 역시 기존의 면들과 평행하지 않게 한 번 더 썬 모습입니다.

세 번째 사진을 보면 알 수 있듯이 공간에서는 두 평면의 공유점이 모여 직선이 1개 생깁니다. 그리고 네 번째 사진을 보면 공간 내에 세 개의 평면이 만나서 하나의 점이 생김을 알 수 있습니다. 이러한 것은 기본적인 공간의 성질이랍니다.

그럼 이제 평면의 결정조건에 대해서 알아볼까요?

두 점을 포함하는 평면은 무한히 많습니다.한 직선을 품는 평면도

무한히 많지요.

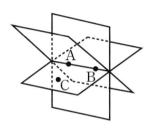

그렇지만 한 직선 위에 있지 않는 세 점을 지나는 평면은 오 직 하나뿐입니다. 세 점을 A, B, C라고 해 봅시다. 점 A와 B를 지나는 직선 AB가 존재합니다.앞서 직선의 결정조건에서 나왔었죠. 따 라서 평면은 한 직선과 그 위에 있지 않은 점으로 결정되는 평 면으로도 볼 수 있습니다.

한편, 공간에서 한 평면 위에 있는 두 직선서로 다른 직선인 경우 은 한 점에서 만나거나 평행합니다. 따라서 한 점에서 만나거 나 서로 평행한 두 직선이 하나의 평면을 결정한다고 할 수도 있습니다. 이를 정리해 보겠습니다.

평면의 결정조건은 다음과 같습니다.

(1) 한 직선 위에 있지 않은 세 점

(2) 한 직선과 그 위에 있지 않은 한 점

(3) 한 점에서 만나는 두 직선

(4) 평행한 두 직선

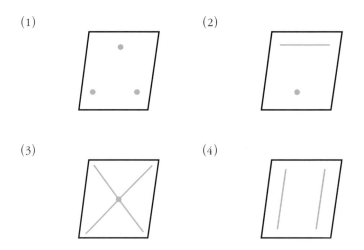

오늘 수업은 여기까지입니다. 조금 어려웠을 테지만 너무 부담 갖지 말고 다음 수업에서 봅시다.

❶ 공간도형의 기본 성질

(1) 한 평면 위의 서로 다른 두 점을 지나는 직선 위에 있는 모든 점은 그 평면 위에 있다. 이때, 평면은 직선을 품는다고 한다.

(2) 한 직선 위에 있지 않은 서로 다른 세 점을 지나는 평면은 오직 하나뿐이다.

(3) 두 평면이 한 점을 공유하면 이 두 평면은 그 점을 지나는 한 직선을 공유한다.

❷ 직선의 결정조건

(1) 서로 만나는 두 평면은 단 하나의 직선을 결정한다.

(2) 서로 다른 두 점은 단 하나의 직선을 결정한다.

❸ 점의 결정조건

(1) 서로 만나는 두 직선은 오직 하나의 점을 결정한다.

(2) 한 평면과 만나는 한 직선은 오직 하나의 점을 결정한다.

(3) 교선들이 서로 평행이 아니도록 만나는 세 평면은 오직 하나의 점을 결정한다.

❹평면의 결정조건

(1) 한 직선 위에 있지 않은 세 점

(2) 한 직선과 그 위에 있지 않은 한 점

(3) 한 점에서 만나는 두 직선

(4) 평행한 두 직선

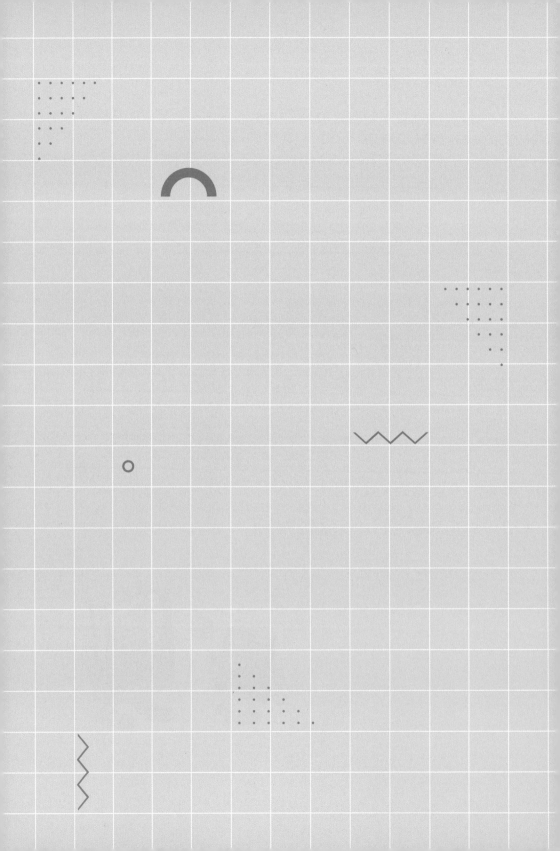

두 직선의
위치 관계

공간에서 두 직선의 위치 관계에 대해 알아봅시다.

1. 공간에서 두 직선의 위치 관계에 대해 알아봅니다.
2. 꼬인 위치인 두 직선이 이루는 각을 재는 방법을 알아봅니다.
3. 꼬인 위치인 두 직선 사이의 최단거리를 재는 방법을 알아봅니다.

미리 알면 좋아요

1. 평면에서 서로 다른 두 직선의 위치 관계는 다음과 같습니다.
(1) 두 직선이 만난다.한 점에서 만나거나 일치하는 경우
(2) 두 직선이 평행하다.

2. 두 직선이 이루는 각은 두 직선을 평행이동하더라도 변하지 않습니다.

3. 평면에서는 평행한 두 직선의 경우에만 거리를 잴 수 있습니다.이때 거리는
최단거리입니다.

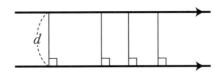

유클리드의
네 번째 수업

안녕하세요? 벌써 네 번째 수업이군요. 지난 시간에는 평면의 결정조건에 대해서 공부해 보았습니다. 이번 시간부터는 직선과 직선의 위치 관계에 대해 공부하도록 하겠습니다. 그리고 다음 시간에는 직선과 평면의 위치 관계, 평면과 평면의 위치 관계에 대해서 공부할 거예요.

공간에서 직선들의 위치 관계는 평면에서와는 조금 다르지요. 먼저 두 직선이 만나서 완전히 포개어지는 경우는 '일치한다'라고 표현하는데, 이것은 하나의 직선과 다름이 없으니 서로 다른 직선들에 대한 위치 관계만을 고려해 보도록 합시다.

우선, 두 직선이 한 점에서 교차하는 경우가 있습니다.

이렇게 말이죠.

이와는 달리 두 직선이 서로 만나지 않는 경우에는 두 직선이 서로 '평행하다'고 합니다. 가령, 그 두 직선을 l, m이라고 한다면 기호로는 $l \parallel m$과 같이 나타냅니다. 두 직선이 평행할 때 한 직선의 방향을 그대로 유지한 채 이동_{평행이동}하여 다른 직선과 겹쳐지게 할 수 있습니다. 이때 최단거리로 이동하는 경우 두 직선을 포함하는 한 개의 평면이 생깁니다.

이렇게 평면상의 서로 다른 두 직선은 두 직선이 한 점에서 만나는 경우와 만나지 않고 평행한 경우와 같이 두 가지 관계를 갖습니다. 그러나 공간에서는 두 직선이 만나지 않지만 평행하지도 않은 경우가 있습니다.

이처럼 두 직선이 같은 평면 위에 위치하지 않을 때, 두 직선 은 '꼬인 위치'에 있다고 합니다. 그럼 직육면체의 모서리로 직선과 직선의 위치 관계를 다시 한번 살펴볼까요?

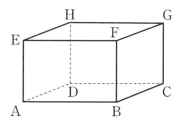

$\overline{AB}$를 기준으로 두 직선의 위치 관계를 다시 봅시다. $\overline{AB}$와 한 점에서 만나는 모서리는 어떤 것들일까요? 자, 누가 대답해 볼까요?

"$\overline{AE}, \overline{AD}, \overline{BF}, \overline{BC}$ 이렇게 4개인 것 같아요."

맞습니다. 그러면 $\overline{AB}$와 평행한 모서리는 어떤 것들일까요?

"$\overline{EF}$, $\overline{DC}$, $\overline{HG}$요."

네, 아주 잘 맞혔어요. 자, 그럼 이제 $\overline{AB}$와 만나지도 않고 평행하지도 않은 꼬인 위치에 있는 모서리는 몇 개일까요?

"선생님, 2개요. $\overline{HD}$와 $\overline{GC}$요."

2개밖에 없나요?

"더 있는 것 같은데요. $\overline{EH}$와 $\overline{FG}$도 꼬인 위치 아닌가요?"

네, 맞아요. 꼬인 위치를 찾을 때에는 만나거나 평행한 것을 찾을 때보다 더 꼼꼼히 찾아야 해요. 여기서 꼬인 위치는 모두 4개랍니다.

여러분도 알다시피 평면에서 두 직선이 만나는 경우에는 두 직선이 이루는 각을 잴 수 있습니다. 그렇다면 공간에서는 어떨까요? 먼저 두 직선이 만나는 경우에는 평면에서와 마찬가지로 각을 재면 되겠지요. 그렇다면 꼬인 위치인 경우에는 어떻게 해야 할까요?

두 직선이 꼬인 위치에 있을 때는 한쪽 직선을 다른 한쪽 직선과 교차할 때까지 평행이동시킵니다. 그런 다음 두 직선이 이루는 각을 재면 됩니다.

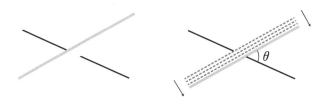

평행한 경우에 두 직선이 이루는 각은 0°입니다. 그리고 두 직선이 이루는 각이 90°일 때 두 직선은 서로 수직이라고 합니다.

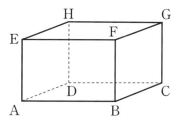

위 그림의 직육면체에서 $\overline{EH}$와 $\overline{AB}$가 이루는 각을 생각해 볼까요? 조금 전에 배웠듯이 $\overline{AB}$와 $\overline{EH}$는 꼬인 위치입니다. 꼬인 위치인 경우에는 어떻게 각을 잰다고 했었죠?

"서로가 만날 때까지 평행이동하여 각을 잽니다."

네, 맞습니다. 여기서는 $\overline{EH}$와 $\overline{AD}$가 서로 평행합니다. 따라서 $\overline{EH}$를 평행이동하여 $\overline{AD}$로 옮길 수 있습니다. $\overline{AD}$와 $\overline{AB}$는 직각,

수직으로 만나므로 $\overline{EH}$와 $\overline{AB}$가 이루는 각은 $90°$가 됩니다.

다른 경우를 생각해 보도록 하지요. 이번에는 정육면체를 보여 주겠습니다.

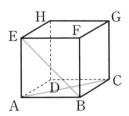

$\overline{EB}$와 $\overline{AC}$가 이루는 각의 크기를 알아볼까요? 먼저 $\overline{AC}$를 $\overline{EG}$로 평행이동시켜 봅시다. 그러면 $\overline{EB}$와 $\overline{EG}$는 삼각형 EBG 의 두 변이 됩니다. 그런데 삼각형의 세 변이 모두 정사각형의 대각선으로 길이가 같으므로 정삼각형이 됩니다. 정삼각형의 내각은 모두 60°이지요. 따라서 $\overline{EB}$와 $\overline{EG}$가 이루는 각의 크기 는 60°이므로 $\overline{EB}$와 $\overline{AC}$가 이루는 각은 60°가 됩니다.

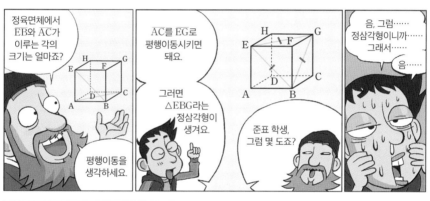

또 $\overline{BD}$와 $\overline{EG}$가 이루는 각의 크기도 구해 볼까요? $\overline{BD}$를 $\overline{FH}$로 평행이동시켜 봅시다. 그러면 $\overline{EG}$와 $\overline{FH}$는 정사각형의 두 대각선이 되지요. 정사각형의 두 대각선은 서로 수직으로 만납니다. 따라서 $\overline{BD}$와 $\overline{EG}$가 이루는 각의 크기는 $90°$가 되지요.

꼬인 위치에 있는 두 직선은 각을 잴 수 있을 뿐만 아니라 거리도 잴 수 있답니다. 평면에서는 평행한 두 직선의 경우에만 거리를 잴 수 있지만요.이때 거리는 최단거리입니다.

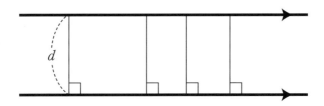

공간에서는 평행한 경우뿐만 아니라 꼬인 위치인 경우에도 두 직선 사이의 최단거리를 잴 수 있답니다. 두 직선을 l, m이라고 해 봅시다. l을 평행이동하여 m과 만나게 하고 평행이동한 직선을 l'이라고 해 봅시다. 그러면 평면의 결정조건에 의해 만나는 두 직선은 한 평면을 결정합니다. 그러면 l과 이 평면은 평행하게 되겠죠. 그러면 직선 l에서 임의의 점을 잡아 평면으로 수직선을 내리고 이 수직선의 길이를 재면 그것이 최단거리가 됩니다.

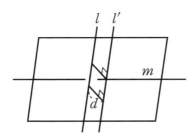

자, 이제 오늘 배운 수업을 정리합시다. 오늘은 두 직선의 위치 관계에 대해 배웠습니다. 공간에서 서로 다른 두 직선은 만나거나 평행하거나, 꼬인 위치에 있게 되죠. 또 꼬인 위치에 있는 두 직선의 각을 재보고 최단거리를 재는 방법도 배웠습니다.

잘 기억하고, 다음 수업에서 봅시다. 다음 시간에는 직선과 평면의 위치 관계, 평면과 평면의 위치 관계에 대해 공부하도록 하겠습니다. 수고 많았습니다.

❶ **공간에서 서로 다른 두 직선의 위치 관계**

(1) 만난다.

(2) 평행한다.

(3) 만나지도 않고 평행하지도 않다. _{꼬인 위치}

❷ **공간에서 꼬인 위치인 두 직선이 이루는 각**

두 직선이 꼬인 위치에 있을 때는 한쪽 직선을 다른 한쪽 직선과 교차할 때까지 평행이동시킵니다. 그런 다음 두 직선이 이루는 각을 재면 됩니다.

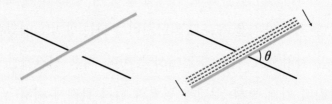

❸ 공간에서 꼬인 위치인 두 직선 사이의 최단거리

두 직선을 l, m이라고 하고, l을 평행이동하여 m과 만나게 하고 평행이동한 직선을 l'이라고 해 봅시다. 그러면 평면의 결정 조건에 의해 만나는 두 직선은 한 평면을 결정합니다. l과 이 평면은 평행하게 됩니다. 직선 l에서 임의의 점을 잡아 평면으로 수직선을 내리고 이 수직선의 길이를 재면 그것이 최단거리가 됩니다.

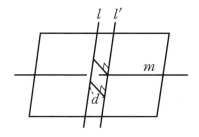

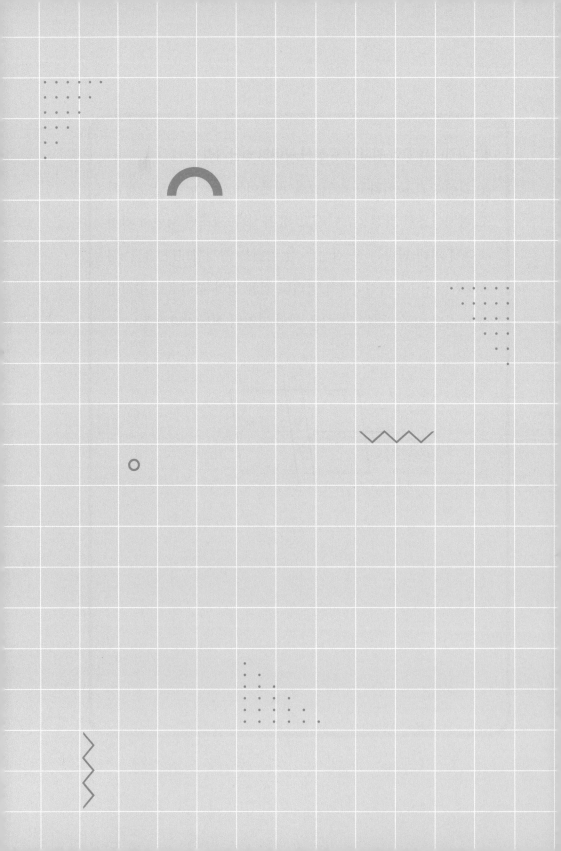

직선과 평면,
평면과 평면의
위치 관계

직선과 평면의 위치 관계와 평면과 평면의
위치 관계에 대해 알아봅니다.

1. 직선과 평면의 위치 관계를 알아봅니다.
2. 평면과 평면의 위치 관계를 알아봅니다.

미리 알면 좋아요

만나는 두 직선 사이의 각이 $90°$가 될 때 두 직선은 서로 '수직'이라고 합니다.

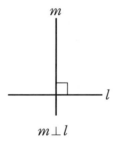

$m \perp l$

유클리드의
다섯 번째 수업

안녕하세요? 지난 시간에는 공간에서 직선과 직선의 위치 관계에 대해 공부하였습니다. 이번 시간에는 직선과 평면의 위치 관계, 평면과 평면의 위치 관계에 대해 공부해 봅시다.

여러분 책상에는 노트와 연필이 있죠? 물론 그것들이 평면과 직선이라고 할 수는 없지만, 지금은 그렇다고 생각하고 한번 위치 관계를 생각해 봅시다. 먼저 연필이 노트 위에 얹어져 있는 경우가 있겠죠.

이런 경우 직선이 평면에 포함된다고 합니다.

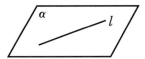

다음에는 연필이 노트 위에 붕 떠 있는 경우를 생각해 볼 수 있습니다. 직선과 평면이 만나지 않는 경우로, 이때는 직선과 평면이 평행하다고 합니다.

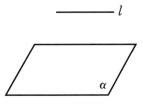

마지막으로는 직선과 평면이 만나는 경우로, 이때 직선과 평면은 한 점에서 만납니다.

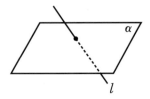

따라서 공간에서 직선과 평면의 위치 관계는 크게 세 가지로

나눌 수 있습니다.

(1) 포함된다.   (2) 평행한다. 만나지 않는다.

(3) 한 점에서 만난다.

자, 다시 연필을 잡고 연필을 수직이 되게, 즉 노트와 수직이 되게 만들어 볼 수 있나요? 뭐, 어렵지 않다고 생각이 들 것입니다. 말 그대로 똑바로 세우면 되지요. 그러면 정말로 직선을 평면과 수직이 되도록 하는 방법은 무얼까요? 다들 한번 생각해 보세요.

"직선이랑 평면이랑 각을 쟀을 때 직각이 되면 그때가 수직이 될 것 같아요."

어떤가요. 다른 의견이 있나요?

"선생님, 그런데 조금 이상해요. 직각이 되어도 똑바르지 않을 때가 있어요."

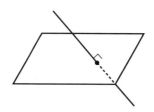

"선생님, 보세요. 직선이랑 평면이랑 수직이지만 똑바르지 않아요. 진짜 수직이라고 할 수가 없어요."

맞습니다. 실제로 직선이 평면에 수직이기 위해서는 직선이 평면 위에 있는 모든 직선과 수직이어야 합니다. 이것이 직선과 평면의 수직에 대한 정의이기도 하지요. 그런데 모든 직선과 수직이 되도록 실제로 해 볼 수는 없겠죠. 직선이 무한히 많을 테니까요.

《기하학 원론》에 좋은 정리가 증명되어 있습니다.

직선이 평면상에서 만나는 두 직선과 각각 수직이면 직선과 평면은 수직이다.

무한히 많은 직선과 모두 확인해 볼 것 없이 만나는 단 2개의 직선과 수직이면 된다는 겁니다. 아주 편해졌죠. 그러니 집을 짓는 목수도 안심하고 기둥을 잘 세울 수 있겠죠? 이것의 증명은 칠판에 적어 둘게요. 관심 있는 분들은 보면 좋겠습니다. 너무 어렵다고 생각되면 그냥 넘어가도 좋습니다.

〈정리〉

직선 l이 평면 α상에서 만나는 두 직선 a, b와 각각 수직이면 $l \perp \alpha$이다.

〈증명〉

이것의 증명을 위해 점 O를 지나고 평면 α 위에 있는 임의의 직선을 c라 할 때, $l \perp c$임을 증명하면 됩니다.

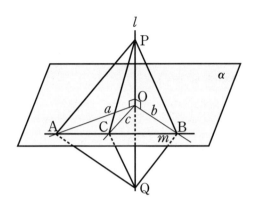

평면 α 위에서 세 직선 a, b, c와 O 이외의 점에서 만나는 직선 m을 그어 그 교점을 차례로 A, B, C라고 합니다.

또 직선 l 상의 점 O에 대해서 대칭인 두 점 P, Q를 잡고 P, Q와 A, B, C를 각각 그림과 같이 연결합니다. 이때, $\triangle$PAB와 $\triangle$QAB에서 $\overline{AP}=\overline{AQ}$, $\overline{BP}=\overline{BQ}$, $\overline{AB}$는 공통이므로 이 두 삼각형은 합동입니다. 즉, $\triangle$PAB$\equiv$$\triangle$QAB입니다. 따라서 $\angle$PAB$=$$\angle$QAB가 되고 $\angle$PBA$=$$\angle$QBA가 됨을 알 수 있습니다.

다음, $\triangle$APC와 $\triangle$AQC를 생각하면 $\overline{AP}=\overline{AQ}$, $\overline{AC}$는 공통, $\angle$PAC$=$$\angle$QAC이므로 이것도 합동이 됩니다.

$\triangle$APC$\equiv$$\triangle$AQC, $\therefore \overline{PC}=\overline{QC}$

이것으로 △CPQ는 PC, QC가 같은 이등변삼각형임을 알 수 있습니다. 그리고 점 O는 이등변삼각형의 밑변 PQ의 중점이 됩니다. 그러므로 $\overline{PQ} \perp \overline{CO}$가 됩니다. 즉, $l \perp c$입니다. 이때 c는 임의의 직선이므로 임의의 직선에 대해 수직임을 밝힌 것이 됩니다. 따라서, 직선 l이 α의 모든 직선과 수직임을 알아낸 것으로, $l \perp \alpha$입니다.

자, 이번에는 평면과 평면의 위치 관계에 대해 알아보도록 합시다. 공간에서 평면의 위치 관계는 두 가지 중 하나입니다. 이 책을 한번 보죠. 책 윗면이 있고 아랫면이 있죠. 이 윗면과 아랫면은 평행하다고 할 수 있습니다. 그리고 표지를 한 장 열어 보죠.

이때 표지를 한 평면으로 보고 맨 앞 장을 또 한 평면으로 보면 두 평면은 만난다고 할 수 있습니다. 평면과 평면이 만날 때

교차하는 부분은 직선이 되는데 이 선을 '교선'이라고 합니다. 평면과 평면이 만날 때는 한 점에서 만날 수는 없습니다. 만난 다면 항상 직선을 공유하게 됩니다.

다시 정리해 봅시다. 공간에서 서로 다른 두 평면의 위치 관계는 다음 둘 중 하나입니다.

(1) 두 평면이 만나지 않는다. 평행하다.

(2) 두 평면이 만난다.

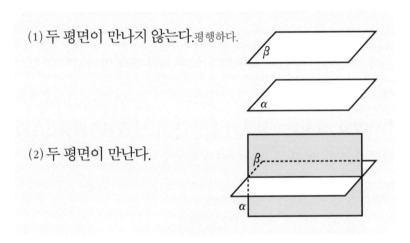

평면이 만날 때는 평면과 평면 사이의 각을 잴 수도 있답니다.

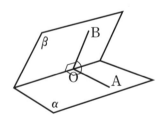

두 평면이 한 직선에서 만날 때, 교선 위 한 점 O를 지나고 교
선에 수직인 반직선 OA와 OB를 평면 α, β 위에 각각 그리면 점
O의 위치에 관계없이 $\angle AOB$의 크기는 일정한데, 이것으로 두
평면 사이의 각을 재고, 이것을 이면각의 크기라고 부릅니다. 2개
의 반평면이 이루는 도형은 이면각이라고 하고 교선은 이면각의 변, 두 반평면은 이
면각의 면이라고 합니다.

평면이 만나면 실제로는 4개의 이면각이 생기게 됩니다. 여
기서 하나를 선택하면 됩니다.

특히 두 평면이 이루는 각의 크기가 90°일 때, 두 평면은 '서로 수직이다'라고 합니다.

자, 오늘은 여기서 수업을 끝내려고 합니다. 오늘 많은 것을 배웠습니다. 피곤하겠지만 오늘 배운 중요한 것은 머릿속에 잘 넣어 두기 바랍니다. 다음 시간에는 공간기하에서 나오는 기본적인 정리를 배워 봅시다.

❶ 공간에서 직선과 평면의 위치 관계

(1) 한 점에서 만난다. (2) 평행한다. 만나지 않는다. (3) 포함된다.

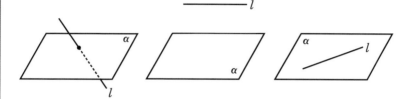

직선이 평면상에서 만나는 두 직선과 각각 수직이면 직선과 평면은 수직입니다.

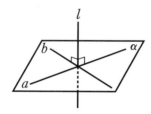

$l \perp a$, $l \perp b$이면 $l \perp \alpha$입니다.

❷ 공간에서 서로 다른 두 평면의 위치 관계

(1) 두 평면이 만나지 않는다.평행하다. (2) 두 평면이 만난다.

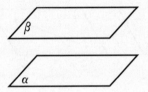 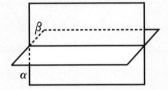

❸ 공간에서 두 평면이 이루는 각

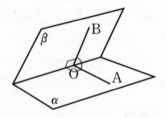

두 평면이 한 직선에서 만날 때, 교선 위 한 점 O를 지나고 교선에 수직인 반직선 OA와 OB를 평면 α, β 위에 각각 그리면 점 O의 위치에 관계없이 ∠AOB의 크기는 일정합니다. 이것으로 두 평면 사이의 각을 재고, 이것을 이면각의 크기라고 부릅니다.

삼수선의 정리와 정사영

삼수선의 정리와 정사영에 대해 알아봅시다.

1. 삼수선의 정리에 대해 알아봅니다.
2. 정사영에 대해 알아봅니다.

미리 알면 좋아요

1. 직선이 평면상에서 만나는 두 직선과 각각 수직이면 직선과 평면은 수직입니다.

2. 그림자의 면과 수직이 되게 똑바로 빛을 비추었을 때 생긴 그림자를 정사영이라고 합니다. 어떤 물체가 공중에 떠 있고 햇빛이 땅에 수직으로 비추고 있을 때 이 물체가 땅에 만드는 그림자를 이 물체의 정사영이라고 생각하면 됩니다.

유클리드의
여섯 번째 수업

오늘은 여섯 번째 시간이네요. 그동안 참 많은 것을 배웠습니다. 사실 오늘 배우게 될 내용은 고등학교 때 다루는 내용입니다. 그 전에는 공간에 대해서 거의 배우지 않습니다. 그래서 어렵게 느낄 수도 있을 것입니다. 방정식이야 초등학교 때부터 중학교, 고등학교에서도 계속 나와서 낯설지 않을 수도 있겠지만 이 공간도형 부분은 아마 낯설게 느끼는 학생이 많을 것입니다. 하지만 처음부터 차근차근 듣고 잘 새겨 두면 그리 어려운 것도 아닙니다.

지난 수업에서 직선과 평면의 위치 관계를 공부했고, 그중 직선이 평면에 수직이 되는 경우는 어떠해야 하는지를 배웠죠. 직선이 평면 위에서 서로 만나는 두 직선과 각각 수직이면 직선과 평면은 수직이 된다는 것을 알았습니다.

오늘 배울 정리는 이와 연관이 있는데요. 공간기하의 가장 기본적인 정리 중의 하나이고 수직에 관련된 각종 성질이 이 정리에서 나왔습니다. 이름하여 '삼수선의 정리'라고 합니다.

삼수선의 정리는 '점 P에서 직선에 수직선을 그을 수 있다.'는 전제하에, 평면상에 있지 않은 한 점 P에서 평면에 수직선을 그리는 방법을 말하는 정리라고 할 수 있습니다.

평면이 있고 평면 위에 있지 않은 한 점에서 평면에 수직선을 내리는 방법에 대해 생각해 봅시다. 생각이 잘 안 날 겁니다. 참 어렵죠. 이것을 쉽게 해 준 것이 바로 '삼수선의 정리'라고 할 수 있습니다.

차례대로 해 볼까요? 먼저 평면 α와 평면 밖의 한 점을 P라고 해 봅시다.

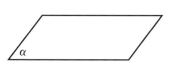

평면 α에 직선 l을 긋고 P에서 l로 수직선을 내려, 그 수선의 발을 A라고 합니다.

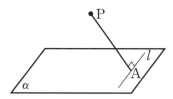

그다음 평면 α 위에, 점 A를 지나고 l에 수직인 직선 m을 긋습니다.

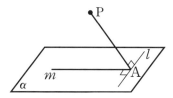

이제 점 P에서 직선 m 위에 수직선을 내리고, 그 수선의 발을 B라고 합니다.

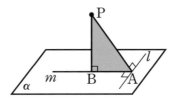

이렇게 하면 $\overline{PB}$와 평면 α가 수직을 이룬다는 것이 바로 삼수선의 정리입니다.

다시 말하면 $\overline{PA}\perp l, l\perp m, m\perp\overline{PB}$이면 $\overline{PB}\perp\alpha$

쏙쏙 이해하기

삼수선의 정리

평면 α 위에 있지 않은 한 점 P와 평면 α 위에 있는 직선 l에 대하여 아래 그림과 같이 점 P에서 직선 l에 그은 수선의 발을 A라 하고, 평면 α 위에서 점 A를 지나고 l과 수직인 직선 m을 긋고 점 P에서 이 직선 m에 내린 수선의 발을 O라고 하면 $\overline{PO}$와 α는 수직이다. $\overline{PO}\perp\alpha$

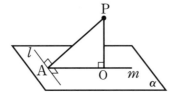

삼수선의 정리를 변형한 다음과 같은 정리도 성립합니다.

(1) $\overline{PO} \perp \alpha, l \perp \overline{OA}$이면 $\overline{PA} \perp l$
(2) $\overline{PO} \perp \alpha, \overline{PA} \perp l$이면 $l \perp m$

삼수선의 정리라는 것이 좀 감이 오나요? 너무 어렵게 생각하지 말고 가벼운 마음으로 나중에라도 스스로 그려 보면서 생각하는 시간을 가져 보세요. 특히 공간도형은 문제를 풀 때나 증명을 할 때 그림을 그리는 것에 많이 의존하게 됩니다. 항상 그림을 그리면서 생각하고 문제를 풀어 보세요.

그럼 한숨 돌리고 내가 여러분에게 나누어 준 것을 살펴봅시다. 여러 가지 도형과 입체가 있지요? 자그마한 손전등도 주었습니다.

내가 왜 이런 것들을 나누어 주었을까요?

"선생님, 그림자 모양 찾기 하려는 것 아닌가요?"

맞습니다. 그림자 때문에 내가 손전등을 주었지요. 자, 그럼 그림자놀이를 시작해 볼까요?

우선, 원기둥을 봅시다. 원기둥의 그림자는 어떤 모양일까요?

손전등을 위에서 똑바로 비추면서 그림자를 찾아봅시다.

"원이요."

맞습니다. 원기둥의 그림자는 원도 되지요.

"아니에요, 선생님. 다른 모양도 나오는데요."

어떤 모양이 나오나요?

"저는 원기둥을 세우지 않고 눕혔더니 네모난 직사각형 모양
이 나와요."

네, 좋아요.

그럼 원기둥의 그림자 모양은 다 찾았나요?

"선생님, 완전히 눕히지 않고 비스듬히 눕힐 땐 조금 다른 모
양이 나오는 것 같아요."

네, 모두 잘했습니다. 입체는 빛이 비추는 방향에 따라 여러
가지 모양의 그림자가 나올 수 있습니다.

간단한 것을 해 볼까요? 자, 여기 연필을 선이라고 생각해 봅시다. 연필의 그림자는 어떤 모양일까요?

연필을 눕힐 때는 선 모양의 그림자가 나올 겁니다. 그런데 연필을 똑바로 세우면 하나의 점만이 그림자로 나타나게 되지요. 선이든 면이든 입체든 그림자 모양은 본래 모양과는 다를 수 있습니다. 또 우리는 손전등을 똑바로 비추고 모양을 찾았지만 손전등에서 비치는 빛의 방향을 바꾸면 여러 다른 모양이 나오게 될 수 있지요.

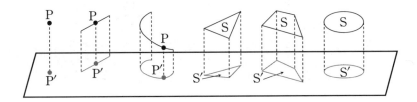

그림자의 면과 수직이 되게 똑바로 빛을 비추었을 때 생긴 그림자를 정사영이라고 합니다.

어떤 물체가 공중에 떠 있고 햇빛이 땅에 수직으로 비추고 있을 때 이 물체가 땅에 만드는 그림자를 이 물체의 정사영이라고 생각하면 쉽습니다. 공의 정사영은 항상 원이죠. 정육면체의 경우에는 아까 원기둥과 연필의 예에서 본 것처럼 놓이는 위치에 따라 여러 모양을 갖습니다.

그림자는 항상 평면, 즉 2차원입니다. 따라서 정사영을 만드는 것은 어떤 도형을 2차원으로 만드는 것이라고 할 수 있습니다.

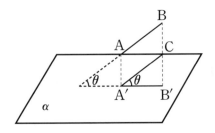

유클리드가 들려주는 공간도형 이야기

평면 밖의 선분 AB에 대한 정사영을 선분 A′B′이라고 해 봅시다. A′을 지나고 선분 AB와 평행한 선분 A′C를 생각해 보죠. 선분 AB의 연장선과 선분 A′B′의 연장선이 이루는 각을 θ라고 하면 선분 A′C와 선분 A′B′가 이루는 각 역시 θ가 될 것입니다.

자, 여러분 삼각함수삼각비를 상기해 봅시다. $\sin\theta$, $\cos\theta$, $\tan\theta$를 어떻게 약속했는지 잘 생각해 보세요《프톨레마이오스가 들려주는 삼각비 1 이야기》를 참고하세요.

삼각형 A′B′C에서 알아볼게요.

$$\sin\theta = \frac{\overline{B'C}}{\overline{A'C}}, \cos\theta = \frac{\overline{A'B'}}{\overline{A'C}}, \tan\theta = \frac{\overline{B'C}}{\overline{A'B'}}$$

맞죠?

이중에서 $\cos\theta$를 다시 보죠. 우리의 목적은 원래의 선분과 정사영 선분 간의 관계를 알아보는 것입니다. 이 두 선분으로 이루어진 식 '$\cos\theta = \frac{\overline{A'B'}}{\overline{A'C}}$'을 조금 변형시켜 보겠습니다. 양변에 $\overline{A'C}$를 곱해 볼까요? 그러면 식은 다음과 같이 바뀝니다.

$$\overline{A'B'} = \overline{A'C}\cos\theta$$

따라서 어떤 선분의 정사영의 길이는 각 θ만 알면 구할 수 있는 것입니다. 평면도형의 넓이를 구하는 경우에도 유사한 결과를 얻습니다.

쏙쏙 이해하기

(1) $\overline{AB}$의 평면 α 위의 정사영을 $\overline{A'B'}$이라 하고, 직선 AB와 평면 α가 이루는 각의 크기를 θ라고 하면 다음이 성립한다.

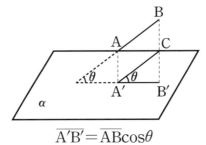

$$\overline{A'B'} = \overline{AB}\cos\theta$$

(2) 평면 α 위의 도형 F의 평면 α' 위의 정사영을 F′라 하고, F, F′의 넓이를 각각 S, S′라고 할 때, α, α'이 이루는 각의 크기를 θ라고 하면 S′은 다음과 같다.

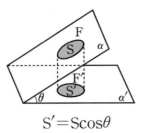

$$S' = S\cos\theta$$

자, 이번 시간에도 많은 것을 배웠지요? 이번에는 삼수선의 정리와 정사영을 배웠네요. 이제 논증기하 부분은 이것으로 마무리됩니다. 마지막으로 문제를 하나 풀고 수업을 마치도록 하겠습니다.

쏙쏙 문제 풀기

앞에서 비추면 그림자가 삼각형이고 옆에서 비추면 사각형, 그리고 위에서 비추면 원이 되는 입체는?

한번 고민해 보세요.

다음 시간부터는 해석기하를 배우게 됩니다. 공간을 식, 숫자로 나타내게 되는 것이죠. 오늘도 수고가 많았습니다.

❶ 삼수선의 정리

평면 α 위에 있지 않은 한 점 P와 평면 α 위에 있는 직선 l에 대하여 아래 그림과 같이 점 P에서 직선 l에 그은 수선의 발을 A라하고, 평면 α 위에서 점 A를 지나고 l과 수직인 직선 m을 긋고점 P에서 이 직선 m에 내린 수선의 발을 O라고 하면 $\overline{\mathrm{PO}}$와 α는수직입니다. $\overline{\mathrm{PO}} \perp \alpha$

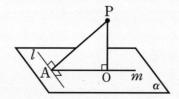

삼수선의 정리를 변형한 다음과 같은 정리도 성립합니다.

(1) $\overline{\mathrm{PO}} \perp \alpha$, $l \perp \overline{\mathrm{OA}}$이면 $\overline{\mathrm{PA}} \perp l$

(2) $\overline{\mathrm{PO}} \perp \alpha$, $\overline{\mathrm{PA}} \perp l$이면 $l \perp m$

❷ $\overline{\text{AB}}$의 평면 α 위의 정사영을 $\overline{\text{A}'\text{B}'}$이라 하고 직선 AB와 평면 α가 이루는 각의 크기 θ를 라고 하면 다음이 성립합니다.

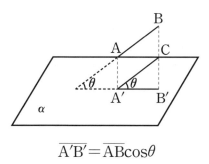

$$\overline{\text{A}'\text{B}'} = \overline{\text{AB}}\cos\theta$$

❸ 평면 α 위의 도형 F의 평면 α' 위의 정사영을 F'라 하고 F, F'의 넓이를 각각 S, S'라고 할 때, α와 α'이 이루는 각의 크기를 θ라고 하면 S'은 다음과 같습니다.

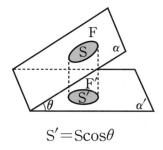

$$S' = S\cos\theta$$

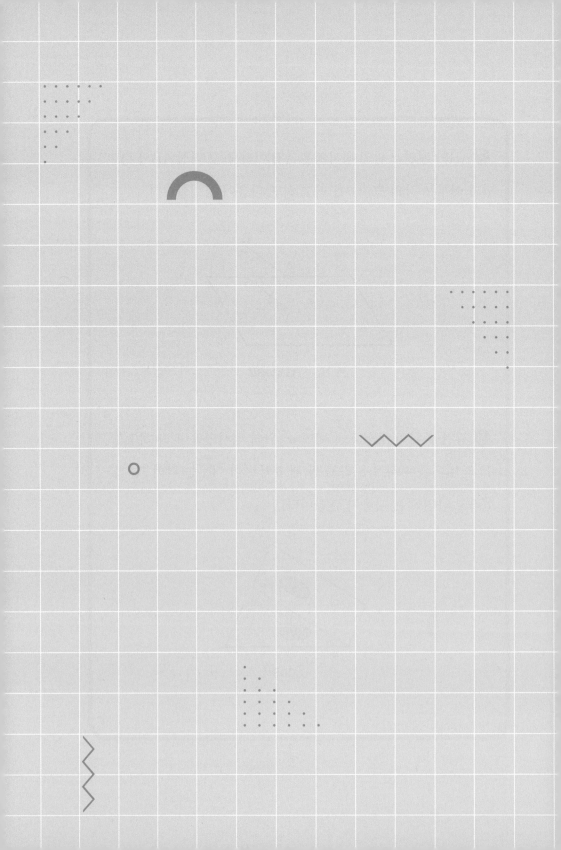

해석기하학

해석기하학의 발생에 대해 알아봅시다.

해석기하학의 발생에 대해 알아봅니다.

《기하학 원론》은 몇 개의 정의와 공준에서 출발해 논리적으로 수학을 전개한다는 특징이 있습니다. 또 운동을 부정해 두 도형 사이의 관계는 서로 겹치는 합동 정도이고 회전이나 평행이동, 확대 같은 것은 철저하게 배제되어 있지요. '길이'라든지 '길이의 제곱'과 같은 개념이 없고 양을 측정하는 일도 보이지 않습니다.

유클리드의
일곱 번째 수업

이것이 지난 시간에 냈던 문제의 답이랍니다.

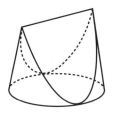

어때요? 자신이 생각한 것과 비슷한가요? 아니면 다른 모양의 답을 찾았나요? 답은 무수히 많답니다.

오늘은 지난 시간에 이야기했던 것처럼 해석기하학 이야기를 하려고 합니다. 앞 시간에 우리는《기하학 원론》에 대해 이야기했지요.《기하학 원론》은 몇 개의 정의와 공준에서 출발해 논리적으로 수학을 전개한다는 특징이 있었습니다. 또 운동을 부정해 두 도형 사이의 관계는 서로 겹치는 합동 정도이고 회전이나 평행이동, 확대 같은 것은 철저하게 배제되어 있었지요.

피타고라스의 정리도, '빗변의 길이의 제곱은 나머지 두 변의 길이의 제곱의 합과 같다.'라고 하지 않고 '빗변 위의 정사각형은 다른 두 변 위의 정사각형의 합과 같다.'라는 표현을 썼습니다. 즉, '길이'라든지 '길이의 제곱'과 같은 개념이 없고 양을 측정하는 일도 보이지 않습니다.

가령, 현재는 삼각형의 면적을 구하는 공식을 다음과 같이 씁니다.

$$삼각형의\ 면적 = \frac{1}{2} \times a \times h\,(a는\ 밑변의\ 길이,\ h는\ 높이)$$

하지만《기하학 원론》에서는 공식 없이 단지 다음과 같이 기술되어 있지요.

⑴ 삼각형의 면적은 삼각형과 밑변과 높이가 각각 같은 평행사변형 면적의 절반이다.

⑵ 평행사변형의 면적은 밑변에 비례하고 높이에도 비례한다.

또 수는 자연수만 쓰고, 그것도 숫자로 쓰거나 문자로 직접 나타내지 않고 선분으로 대치시켰답니다. 아마도 그 당시에는 실수 개념이 없었고 정수와 분수만 알려져 있어 수의 체계가

불완전했기 때문일 것입니다. 논리적이고 이론적인 것에 비중을 두었던 그리스인들은 수로 나타내는 공식을 거부했었죠.

이에 데카르트는 기하학을 더 편리하고 합리적으로 다룰 수 없을까 생각했습니다. 그는 유클리드 기하학과 달리 모든 양이 방향과 위치를 가지고 있다는 생각을 했고, 또 좌표라는 새로운 개념을 만들었죠.

이처럼 《기하학 원론》으로 대표되는 고전적인 논증기하는 17세기에 데카르트가 좌표를 발명하면서 크게 변할 수밖에 없었습니다. 이 아이디어의 핵심은 평면이나 공간에서 점의 위치를 수로 나타내는 것이지요.

원점에서 직교하는 직선 2개를 가로축은 x축, 세로축은 y축으로 부르기로 합시다. 좌표를 쓸 때에는 x축 방향으로의 이동 거리x좌표를 적은 다음 y축 방향으로의 이동 거리y좌표를 적습니다.

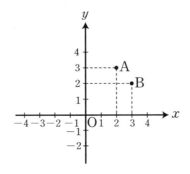

앞에서 점 A의 좌표는 $(2, 3)$이고, B의 좌표는 $(3, 2)$입니다.

평면에 있는 점뿐만 아니라 공간에 있는 점의 위치도 좌표로 나타낼 수 있습니다. 이 이야기는 잠시 후에 더 자세히 하도록 하겠습니다.

이 좌표 기하에 의해 직선, 평면, 공간의 점을 좌표로 표현할 수 있는데 도형은 점으로 이루어지지 않았습니까? 따라서 도형도 좌표를 바탕으로 연구할 수 있습니다. 이것이 소위 해석기하학_{좌표 기하학}이라는 것입니다. 이 좌표의 개념을 데카르트가 제일 먼저 고안한 것은 아닙니다. 14세기에 오렘이라는 수학자도 좌표의 개념을 사용했다고 합니다.

공간에 좌표를 가져오고, 도형과 수를 결합시켜 도형을 '수

계산'에 의해 연구할 수 있게 되면, 도형을 식으로 나타낼 수 있고 도형을 조사할 때에 수와 식을 써서 계산할 수도 있지요. 방정식 역시 도형으로 나타낼 수도 있습니다.

기하학적인 도형	그래프	대수적 방정식
		$y=ax+b$ 기울기가 a이고, y절편이 b인 직선의 방정식
		$x^2+y^2=r^2$ 중심이 원점이고, 반지름이 r인 원의 방정식

데카르트에 의해 종래 유클리드 기하가 해석적으로, 즉 계산이라는 수단을 써서 연구할 수 있게 된 것은 혁명적인 사건이었습니다. 중고등학교 수학에서는 해석기하학이라는 이름보다는 '도형의 방정식'이라고 부르는 경우가 많지요.

오늘은 해석기하학이 생겨난 이야기로 일단 마무리 짓기로 하고, 나머지 이야기는 잠시 머리를 식히고 다음 시간에 더 자세히 하도록 하겠습니다.

데카르트는 유클리드의 기하학과 달리 모든 양이 방향과 위치를 가지고 있다는 생각을 했고, 또 좌표라는 새로운 개념을 만들었습니다. 이 아이디어의 핵심은 평면이나 공간에서 점의 위치를 수로 나타내는 것입니다.

도형과 수를 결합시켜 도형을 '수 계산'에 의해 연구할 수 있게 되면, 도형을 식으로 나타낼 수 있고 도형을 조사할 때에 수와 식을 써서 계산할 수도 있습니다. 방정식 역시 도형으로 나타낼 수도 있습니다.

기하학적인 도형	그래프	대수적 방정식
		$y = ax + b$ 기울기가 a이고, y절편이 b인 직선의 방정식
		$x^2 + y^2 = r^2$ 중심이 원점이고, 반지름이 r인 원의 방정식

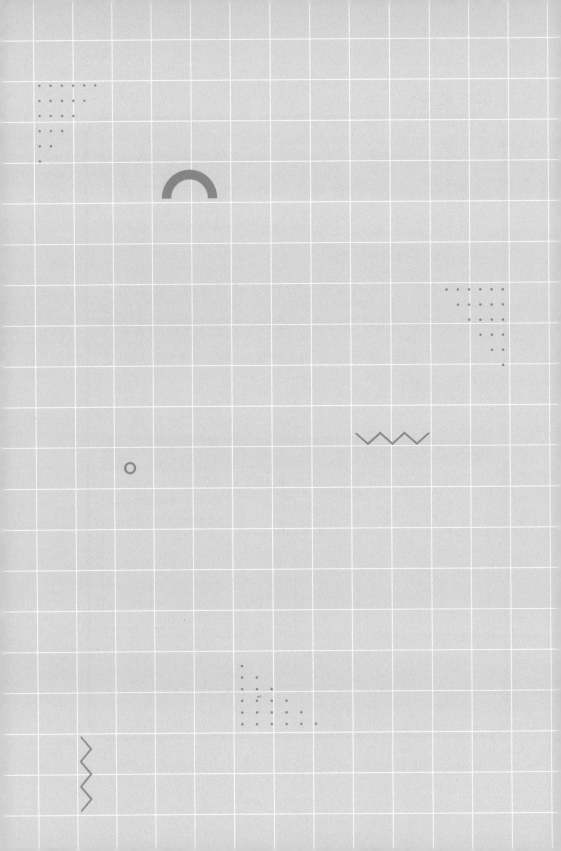

공간 좌표

공간 좌표에 대해 알아봅시다.

공간 좌표에 대해 알아봅니다.

미리 알면 좋아요

원점에서 직교하는 직선 2개를 가로축은 x축, 세로축은 y축으로 부릅니다. 좌표를 쓸 때는 x축 방향으로의 이동거리x좌표를 적은 다음 y축 방향으로의 이동거리 y좌표를 적습니다.

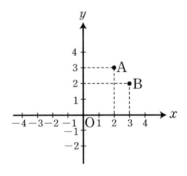

예를 들어, 위에서 점 A의 좌표는 $(2, 3)$이고, B의 좌표는 $(3, 2)$가 됩니다.

유클리드의
여덟 번째 수업

　안녕하세요? 오늘은 지난 시간 이야기했던 대로 공간 좌표에 대해 공부할 것입니다. 지난 시간에 평면 좌표에 대해서는 이야기를 했습니다. 공간에 있는 점은 어떻게 표현해야 할까요?

　어렵지 않게 짐작할 수 있을 것입니다. 자, 교실에 있는 전등을 봅시다. 이 전등의 위치를 정하려면 어떻게 해야 할까요? 먼저 전등 아래 바닥의 위치를 알고 거기서 얼마나 높이 있는지를 알면 되겠죠. 공간에 있는 점도 마찬가지랍니다.

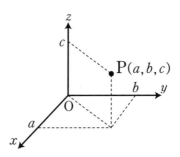

공간 좌표는 한 점 O에서 서로 직교하는 세 개의 수직선에 의해 결정됩니다. 이것들을 x축, y축, z축이라 부릅니다. 점 O는 좌표의 '원점'이라고 합니다.

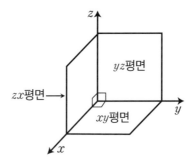

그리고 공간의 좌표축에서 x축과 y축을 포함하는 평면을 xy평면, y축과 z축을 포함하는 평면을 yz평면, z축과 x축을 포함하는 평면을 zx평면이라고 하고 이들 세 평면을 통틀어 '좌표평면'이라고 합니다.

직선과 평면의 수직 정리에 의해서 z축은 xy평면에 수직임을 알 수 있습니다.

마찬가지로 y축은 zx평면, x축은 yz평면과 수직이 됩니다. xy평면상의 점은 x, y의 값에 관계없이 z좌표가 항상 0이므로 $z=0$으로 나타낼 수 있습니다. 마찬가지로 다음과 같이 나타낼 수 있습니다.

yz평면 $x=0$

zx평면 $y=0$

공간에서의 점 P의 좌표는 다음과 같이 정해집니다. 점 P를 지나 yz평면, zx평면, xy평면에 평행인 평면이 각각 x축, y축, z축과 만나는 점을 X, Y, Z라고 하고 점 X, Y, Z의 x축, y축, z축

위에서의 좌표를 각각 x_1, y_1, z_1이라고 하면 점 P에 대한 세 실수의 순서쌍 (x_1, y_1, z_1)이 바로 점 P의 좌표입니다.

다소 어렵게 설명을 했지요? 쉽게 그 점에 원점으로부터 x축으로 얼마큼, y축으로 얼마큼, z축으로 얼마큼 갔느냐를 재어 보면 공간에서의 좌표를 찾을 수 있습니다.

평면에 있는 두 점의 거리를 구하는 방법이 기억나나요? 피타고라스의 정리를 이용했죠.

피타고라스의 정리

직각삼각형의 세 변의 길이에 대한 관 계를 알려 주는 정리로, 직각삼각형에 서 빗변의 길이의 제곱은 나머지 두 변 의 길이의 제곱의 합과 같다.

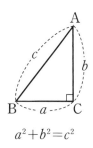

$$a^2 + b^2 = c^2$$

공간에서의 두 점 사이의 거리도 피타고라스의 정리를 이용 해서 구합니다.

두 점 $A(x_1, y_1, z_1), B(x_2, y_2, z_2)$ 사이의 거리를 구해 봅시다. 아래 그림처럼 선분 AB를 대각선으로 하는 직육면체를 만들 어 봅시다.

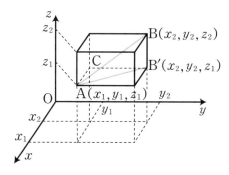

그러면 피타고라스의 정리에 의해 $\overline{AB}^2 = \overline{AB'}^2 + \overline{BB'}^2$이 됩니다. 그런데 $\overline{AB'}$을 삼각형 ACB′의 빗변으로 생각하면 $\overline{AB'}^2 = \overline{AC}^2 + \overline{CB'}^2$이 됩니다. 그러면 $\overline{AB}^2 = \overline{AC}^2 + \overline{CB'}^2 + \overline{BB'}^2$이 되죠. 이 식을 (ㄱ)이라고 합시다.

그러면 이제 각각의 길이를 구해 봅시다. 점 C의 좌표는 (x_2, y_1, z_1)입니다. 먼저 $\overline{AC} = |x_2 - x_1|$입니다. A와 C는 단지 x좌표의 값만 다릅니다. 따라서 이 차이만이 길이가 됩니다.

$\overline{CB'} = |y_2 - y_1|$, $\overline{BB'} = |z_2 - z_1|$이므로 이것을 식 (ㄱ)에 대입하여 봅시다.

쏙쏙 이해하기

수직선상의 두 점 $A(a)$, $B(b)$ 사이의 거리는 $|a - b|$이다.

$$\overline{AB}^2 = (x_2 - x_1)^2 + (y_2 - y_1)^2 + (z_2 - z_1)^2$$

따라서 $\overline{AB} = \sqrt{(x_2 - x_1)^2 + (y_2 - y_1)^2 + (z_2 - z_1)^2}$이라는 공식을 얻게 됩니다.

과정이 너무 복잡했지요? 문자도 많이 사용했고요. '피타고라스의 정리를 사용하여 구한다.'라는 것만 꼭 기억해도 좋습니다. 공식을 잊었더라도 이것만 기억하면 거리를 구할 수 있을 테니까요. 그래도 매번 그렇게 하는 것보다는 공식을 기억해 두면 더 편하겠죠.

평면에 있는 두 점 사이의 거리와 유사하니 기억하기는 쉬울 것 같습니다. 다시 한번 정리해 볼게요.

(1) 두 점 $A(x_1, y_1, z_1), B(x_2, y_2, z_2)$ 사이의 거리는 다음과 같다.
$$\overline{AB} = \sqrt{(x_2-x_1)^2 + (y_2-y_1)^2 + (z_2-z_1)^2}$$

(2) 원점 $O(0, 0, 0)$와 $A(x_1, y_1, z_1)$ 사이의 거리는 다음과 같다.
$$\overline{OA} = \sqrt{x_1{}^2 + y_1{}^2 + z_1{}^2}$$

이것을 이용해서 구의 방정식도 함께 구해 보도록 합시다. 평면에서 한 점으로부터 일정한 거리에 있는 점의 자취_{일정한 조건}을 만족하는 점이 지나간 자리를 '원'이라고 하지요.

공간에서 한 점으로부터 일정한 거리에 있는 점의 자취를 '구' 또는 '구면'이라고 합니다. 이때 한 점은 구의 중심, 중심과 구면 위의 한 점을 이은 일정한 길이는 구의 반지름이 됩니다.

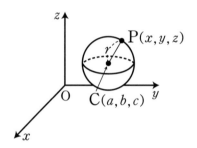

여기에서 중심을 $C(a, b, c)$라고 하고 거리가 일정한 점을 $P(x, y, z)$라 해 봅시다. $\overline{CP} = r$로 일정하므로 이것으로 식을 만들 수 있습니다.

$$\sqrt{(x-a)^2 + (y-b)^2 + (z-c)^2} = r$$

위의 식을 양변 제곱하면 다음과 같은 구의 방정식을 얻습니다.

(1) 중심이 $C(a, b, c)$이고 반지름이 r인 구의 방정식은 다음과 같다.

$$(x-a)^2 + (y-b)^2 + (z-c)^2 = r^2$$

(2) 중심이 원점이고 반지름이 r인 구의 방정식은 다음과 같다.

$$x^2 + y^2 + z^2 = r^2$$

자, 이번 시간에도 많은 것을 배웠네요. 공간 좌표를 배웠고 공간에 있는 두 점 사이의 거리를 배웠죠. 또 이를 이용해 구의 방정식을 만들어 봤습니다. 어땠나요? 어렵지 않으셨죠?

다음 시간에는 평행선 공리와 비유클리드 기하학에 대해서 간단히 배워 보도록 하겠습니다. 지금까지 배운 것을 잘 기억해 두고 다음 시간에 만납시다.

❶ 공간 좌표는 한 점 O에서 서로 직교하는 세 개의 수직선에 의해 결정됩니다. 이것들을 x축, y축, z축이라 부릅니다. 점 O는 좌표의 원점이라고 합니다. 원점으로부터 x축으로 얼마큼, y축 으로 얼마큼, z축으로 얼마큼 떨어져 있느냐를 재어 보면 공간 에서의 좌표를 찾을 수 있습니다.

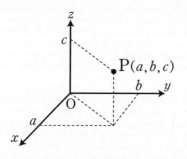

❷ 두 점 사이의 거리

(1) 두 점 $A(x_1, y_1, z_1)$, $B(x_2, y_2, z_2)$ 사이의 거리는 다음과 같 습니다.

$$\overline{AB} = \sqrt{(x_2 - x_1)^2 + (y_2 - y_1)^2 + (z_2 - z_1)^2}$$

(2) 원점 $O(0, 0, 0)$와 $A(x_1, y_1, z_1)$ 사이의 거리는 다음과 같습니다.

$$\overline{OA} = \sqrt{x_1^2 + y_1^2 + z_1^2}$$

❸ 구의 방정식

(1) 중심이 $C(a, b, c)$이고 반지름이 r인 구의 방정식은 다음과 같습니다.

$$(x-a)^2 + (y-b)^2 + (z-c)^2 = r^2$$

(2) 중심이 원점이고 반지름이 r인 구의 방정식은 다음과 같습니다.

$$x^2 + y^2 + z^2 = r^2$$

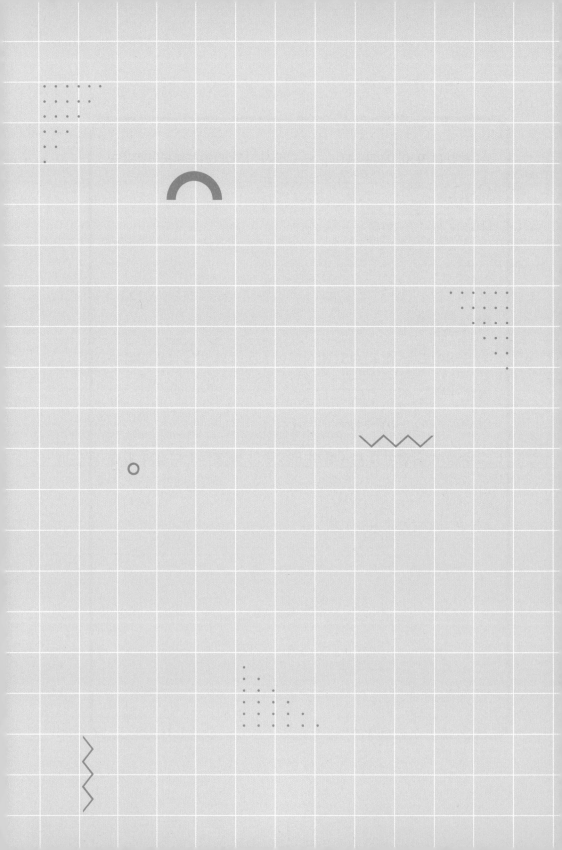

비유클리드
기하학

비유클리드 기하학에 대해 알아봅시다.

수업 목표

비유클리드 기하학에 대해 알아봅니다.

미리 알면 좋아요

1. 평면에서 두 점을 잇는 최단거리는 '직선'이 됩니다.
2. **평행선 공준** 2개의 직선이 있고, 다른 한 직선이 이 두 직선과 만나는데, 어느 한쪽의 두 내각을 더한 것이 2개의 직각보다 작다고 합시다. 그러면 두 직선을 길게 늘였을 때, 두 직선은 내각을 더한 것이 2개의 직각보다 작은 쪽에서 만납니다.

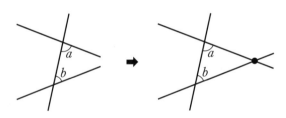

$$\angle a + \angle b < 180°$$

3. 평행선 공준은 동치인 다양한 명제를 만들 수가 있습니다. 그중 하나는 다음과 같습니다.

〈명제〉
한 직선과 그 직선 위에 있지 않은 점이 있을 때, 그 점을 지나면서 주어진 직선에 평행인 직선은 같은 평면 위에 오직 한 개 있다.

유클리드의
아홉 번째 수업

오늘이 벌써 마지막 수업이군요. 오늘 수업을 마치면 나는 내 고향인 그리스로 돌아가려고 합니다. 물론 비행기를 타고 가야 겠지요. 그리고 당연히 비행기는 가장 빠른 길을 택해서 갈 것입니다. 이처럼 우리가 어떤 목적지를 향해 갈 때 가장 빠른 길은 어떻게 찾을 수 있을까요?

자, 지도를 가지고 왔습니다. 세계 지도예요. 우리는 두 점을 잇는 최단거리가 '직선'이 된다는 것을 알고 있습니다. 그럼 지도 위에 있는 그리스에 점을 찍고 서울에도 점을 찍어 볼게요.
그리고 이 두 점 사이를 자로 이어서 거리를 재어 봅시다.

이때 지도는 우리가 실제 사는 세계보다 훨씬 작게 그려졌다
는 것은 알고 있죠? 그렇다면 우리가 지도에서 잰 거리를 지도
의 축척만큼 다시 늘려 주면 실제 거리가 나올까요?

그렇죠. 실제 거리는 나오지 않는답니다.

사실 지도란 원래 지구의 모습을 평면으로 만들어 놓은 것일

뿐, 실제 지구의 모습은 아니죠. 실제 지구는 평면이 아닌 입체이므로 우리가 거리를 잴 때도 실제 지구의 모양을 한 지구본에서 거리를 재어야 하겠죠?

비행기 항로를 알고 싶을 때는 지도가 아닌 지구본을 보아야 합니다.

그것을 알기 위해 잠시 다른 이야기를 하도록 하겠습니다. 여기 야구공이 있습니다. 고무줄도 여러 개 있지요. 다들 야구공에다 고무줄을 끼워 봅시다. 고무줄을 끼우는 것이 쉽지만은 않답니다. 아무렇게나 끼우다가는 튕겨 나갈 수 있으니 잘 끼우세요. 하나 끼웠으면 하나 더 끼워 보세요.

2개의 고무줄은 공 위에서 서로 다른 두 점에서 만나죠. 만나는 두 점은 아마 정반대 쪽에 있을 겁니다.

고무줄 위의 점 2개를 잡아 보세요. 공 표면에서 그 두 점 사이를 잇는 가장 짧은 거리는 고무줄 위를 지나가는 길이 된답니다.

  고무줄이 대원에 위치하면 거기 그대로 남아 있지만, 대원에
위치하지 않을 경우에는 튕겨 나옵니다.

  공을 둘러싼 고무줄이 이루는 원 모양의 길을 '대원'이라고 부
른답니다. 지구의 적도 같은 선이 되죠. 칼로 오렌지를 정확히 반
으로 잘랐을 때 그 가장자리가 하나의 대원이 된다는 것을 생각
할 수 있습니다. 북극점과 남극점을 세로로 연결한 경도도 대원
이 되지요. 구에 그릴 수 있는 모든 원 중에서 가장 큰 것이 대원
입니다. 지구본 같은 구에서 두 점 사이의 가장 짧은 거리는 두
점을 지나는 대원의 호입니다. 구를 비롯한 모든 3차원 면 위에
서 두 점 사이의 가장 짧은 거리를 '측지선'이라고 부른답니다.

  이처럼 구에서 직선의 개념이 달라지듯 다른 것의 개념도 함

께 달라집니다.

직선은 대원과 동일한 개념이라고 할 수 있죠. 그런데 평면에서는 그 직선의 평행선을 찾을 수 있지만 대원에서는 찾을 수 없습니다. 대원에서는 평행선이 존재하지 않지요. 조금 전에 야구공에 고무줄을 끼웠던 것을 생각해 봅시다. 2개의 고무줄은 항상 두 점에서 만나게 될 것입니다.

하지만 땅 위에서는 평행한 직선, 가령 기찻길 같은 것이 존재합니다. 그것은 아주 커다란 지구에 비해 작은 구역을 택했기 때문에 그러한 것처럼 보일 수 있는 것이지요.

첫 번째 시간에《기하학 원론》에 대해 이야기하면서 공준 5개를 배웠죠? 그중에서 다섯 번째 공준은 '평행선 공준'이라 하고 다음과 같습니다.

(5) 2개의 직선이 있고, 다른 한 직선이 이 2개의 직선과 만나는데, 어느 한쪽의 두 내각을 더한 것이 2개의 직각보다 작다고 하자. 그러면 두 직선을 길게 늘였을 때, 두 직선은 내각을 더한 것이 2개의 직각보다 작은 쪽에서 만난다.

평행선 공준은 동치인 다양한 명제를 만들 수가 있습니다. 그 중 하나는 다음과 같습니다.

> 한 직선과 그 직선 위에 있지 않은 점이 있을 때, 그 점을 지나면서 주어진 직선에 평행인 직선은 같은 평면 위에 오직 하나 있다.

아주 자명해서 의심할 만한 여지가 보이지 않습니다. 평면에서는 확실하지요. 하지만 앞에서 보았듯이 구에서는 이것이 해당하지 않습니다. 구 위에서의 기하학을 '구면기하학' 타원 기하학이라고 합니다.

구면에서 삼각형을 그렸을 때 그 내각의 합은 180°보다 큽니다.

평행선 공준을 부정하는 방법은 두 가지입니다. 한 가지는 앞에서 했던 '평행선이 존재하지 않는다.'이고, 다른 한 가지는 '여러 개가 존재한다.'입니다. 평행선이 여러 개 존재하고, 삼각형의 내각의 합이 180°보다 작은 기하학은 '쌍곡 기하학'이라고

합니다. 이 둘을 '비유클리드 기하학'이라고 부릅니다. 평행선 공준

이 성립하는 기하학을 '유클리드 기하학'이라고 합니다.

쌍곡 기하학을 나타내는 구면과 의구면. 쌍곡 기하학에서는 한 점을 지나면서 직선에 평행인 직선은 무수히 많다. 또 삼각형의 내각의 합은 180°보다 크거나 같다.

자세한 이야기는《로바쳅스키가 들려주는 비유클리드 기하학 이야기》를 참고하세요.

유클리드 기하학	타원 기하학	쌍곡 기하학
한 직선과 그 직선 위에 있지 않은 점이 있을 때 그 점을 지나면서 직선에 평행인 직선은 단 1개 존재한다.	평행선이 존재하지 않는다.	평행선은 무수히 많다.
삼각형의 내각의 합은 180°	삼각형의 내각의 합은 180°보다 크다.	삼각형의 내각의 합은 180°보다 작다.
$\angle a + \angle b + \angle c = 180°$	$\angle a + \angle b + \angle c > 180°$	$\angle a + \angle b + \angle c < 180°$

하지만 이렇듯 비유클리드 기하학이 탄생했다고 해서 유클리드 기하학이 낡은 기하학이 되는 것은 아닙니다. 가령, 아인슈타인에 의해 현대 물리학이 등장했다고 해서 기존의 고전 물리학이 없어지지 않는 것처럼 말이죠. 예전과 같은 영광을 누릴 수

있는 기하학은 아니지만 아직도 굳건히 자기 자리를 지키고 있답니다.

자, 그동안 다소 어려운 수업을 듣느라 고생이 많았습니다. 이 수업에서 기하가 역사적으로 어떻게 변했는지도 살짝 엿볼 수 있었을 것입니다. 논증기하에서 해석기하로, 또 비유클리드 기하로 변하는 과정을 말이죠.

하나의 생각과 아이디어가 뛰어난 개념이나 혁명을 일으킬 수 있답니다. 여러분도 무엇이든 깊이 생각하고 비판하는 태도를 가지도록 해 보세요.

유클리드 기하학	타원 기하학	쌍곡 기하학
한 직선과 그 직선 위에 있지 않은 점이 있을 때 그 점을 지나면서 직선에 평행인 직선은 단 1개 존재한다.	평행선이 존재하지 않는다.	평행선은 무수히 많다.
삼각형의 내각의 합은 $180°$ $\angle a + \angle b + \angle c = 180°$	삼각형의 내각의 합은 $180°$보다 크다. $\angle a + \angle b + \angle c > 180°$	삼각형의 내각의 합은 $180°$보다 작다. $\angle a + \angle b + \angle c < 180°$